KB181749

체질에 맞는 음식궁합을 찾아라

약선
식재료
사전

대구우수출판콘텐츠
2023
선정작
제작지원사업

· 220가지 약선 · 식재료에
  대해 재료의 성질, 약선 데이터,
  응용방법, 음식궁합에 대해 설명
· 본초학에 근거하여 체질이나 계절에 맞는
  약선 · 식재료들을 선택하고 요리하는 방법을 소개
· 식재료와 함께 사용하면 좋은 음식궁합 384가지를 소개
· 병후식에 좋은 식재료 27가지, 이유식에 좋은 식재료 16가지 소개

이광만 · 김응규 공저

건강한 삶

약선·식재료 사전

체질에 맞는 음식궁합을 찾아라

초판 발행　　2023년 12월 25일

지 은 이　　이광만 · 김응규
발 행 인　　소경자
펴 낸 곳　　건강한 삶
출판등록　　제019-000001호
e-mail　　visiongm@naver.com
I S B N　　979-11-970691-8-5
정　　가　　25,000원

※ 2023년 대구우수출판콘텐츠제작지원 사업 선정작

우리 몸은 지금까지 먹어 온 것으로 이루어져 있다. 따라서 매일 먹는 음식이 건강과 미용의 기본이라 할 수 있다.

또, 오늘 나의 컨디션은 지금까지 식사의 총 결산이라 할 수 있다. 중요한 것은 '얼마나 자신의 체질에 맞는 또는 컨디션에 맞는 음식을 섭취하느냐'이다.

먹는 음식이 몸과 마음의 건강 상태를 좌우한다는 생각은 고대 중국에도 있었다. 중국에서 황제의 식사를 관리하고, 건강유지 및 질병 예방을 담당하던 의사는 식의(食醫)라고 불렀으며, 의사 중에서도 최고 위치에 있었다.

이 책에서는 220가지 약선·식재료에 대해 재료의 성질, 약선 데이터, 고르는 법과 보관법, 응용방법, 좋은 음식궁합에 대해 설명하였다. 또, 본초학에 근거하여 체질이나 계절에 맞는 약선·식재료들을 선택하고 요리하는 방법을 소개하였다. 또, 이들 식재료와 함께 사용하면 좋은 음식궁합 384가지를 소개하였다.

많은 식재료에 대해 그 성질과 응용방법을 알고 있다면, 자신의 몸 상태에 맞는 재료를 선택하기가 쉽다. 그리고 자신의 체질(기허, 혈허, 기체, 어혈, 음허, 양허, 수독, 양열)을 판별하여, 이에 맞는 식재료를 섭취할 수 있다.

아무쪼록 이 책을 보고 많은 사람들이 가정의 식의가 되어 가족 나아가 이웃의 건강과 행복을 지키는 계기가 되었으면 하는 바람이다.

2023년 12월

이광만

원광디지털대학교 웰빙문화대학원 자연건강학과 석사
원광디지털대학교 한방건강학과 학사

저서 : 〈한방약 가이드북〉, 〈나뭇잎 도감〉, 〈나무에 피는 꽃도감〉, 〈겨울눈 도감〉,
　　　〈한국의 조경수1,2〉 등 다수

김응규

대구한의대학교 한의학대학원 한의학 박사
대구한의대학교 한방산업학 대학원 한약재약리학 석사
상해중의약대학교 중의학 학사

저서 : 〈바이오IT〉
논문 : 〈스코폴라민으로 유도된 Mice에서 楡根皮(Ulmi Cortex)의 기억력 개선 효과〉,
　　　〈마우스에서 羌活 에탄올 抽出物의 記憶力 減退에 대한 改善 效果〉

건강한 삶
〈건강한 삶〉은 2019년 설립된 출판사로 건강 및 한방과 관련된 책을 출간하고 있다.

건강한 삶

목 | 차   Contents

PART 04 | 양식류

PART 05 | 채소류 · 버섯류

PART 06 | 과실류

PART 07 | 수산류

PART 08 | 육류 · 유제품

PART 09 | 조미료 · 음료

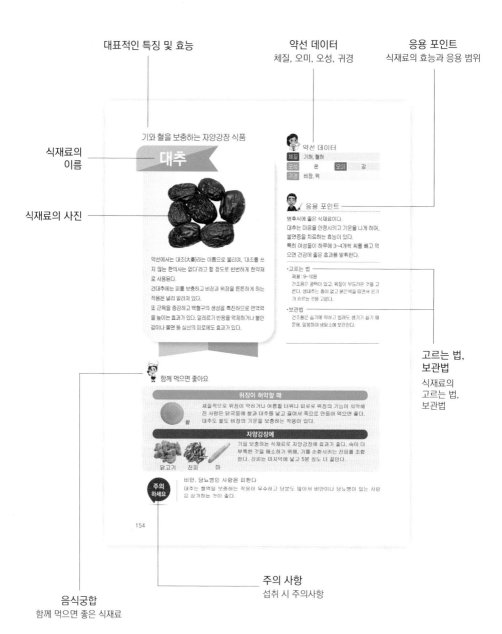

대표적인 특징 및 효능

약선 데이터
체질, 오미, 오성, 귀경

응용 포인트
식재료의 효능과 응용 범위

식재료의
이름

기와 혈을 보충하는 자양강장 식품

대추

약선에서는 대조(大棗)라는 이름으로 불리며, '대조를 쓰지 않는 한의사는 없다'라고 할 정도로 빈번하게 한약재로 사용된다.
건대추에는 피를 보충하고 비장과 위장을 튼튼하게 하는 작용은 널리 알려져 있다.
또 근육을 증강하고 백혈구의 생성을 촉진하므로 면역력을 높이는 효과가 있다. 알레르기 반응을 억제하거나 불안감이나 불면 등 심신의 피로에도 효과가 있다.

식재료의 사진

약선 데이터

체질	기허, 혈허		
오성	온	오미	감
귀경	비장, 위		

응용 포인트

병후식에 좋은 식재료이다.
대추는 마음을 안정시키고 기운을 나게 하여, 불면증을 치료하는 효능이 있다.
특히 여성들이 하루에 3~4개씩 씨를 빼고 먹으면 건강에 좋은 효과를 발휘한다.

• 고르는 법
제철 : 9~10월
건조품은 광택이 있고, 육질이 부드러운 것을 고른다. 생대추는 흠이 없고 붉은색을 띠면서 윤기가 흐르는 것을 고른다.

• 보관법
건조품은 습기에 약하고 벌레도 생기기 쉽기 때문에, 밀봉하여 냉암소에 보관한다.

고르는 법,
보관법
식재료의
고르는 법,
보관법

함께 먹으면 좋아요

위장이 허약할 때

체질적으로 위장이 약하거나 여름철 더위나 피로로 위장의 기능이 쇠약해진 사람은 닭국물에 쌀과 대추를 넣고 끓여서 죽으로 만들어 먹으면 좋다.
대추도 쌀도 비장의 기운을 보충하는 작용이 있다.

쌀

자양강장에

기를 보충하는 식재료로 자양강장에 효과가 좋다. 속이 더부룩한 것을 해소하기 위해, 기를 순환시키는 진피를 조합한다. 진피는 마지막에 넣고 5분 정도 더 끓인다.

닭고기　진피　마

주의
하세요

비만, 당뇨병인 사람은 피한다
대추는 혈액을 보충하는 작용이 우수하고 당분도 많아서 비만이나 당뇨병이 있는 사람은 삼가하는 것이 좋다.

154

음식궁합
함께 먹으면 좋은 식재료

주의 사항
섭취 시 주의사항

대표적인 특징 및 효능

약선 데이터
체질, 오미, 오성, 귀경

응용 포인트
식재료의 효능과 응용 범위

식재료의 이름

식재료의 사진

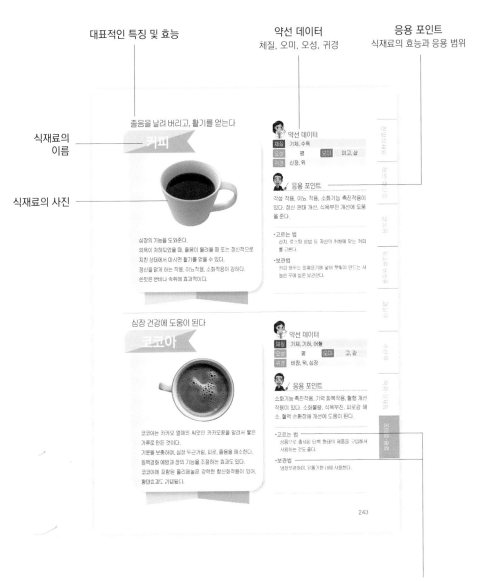

졸음을 날려 버리고, 활기를 얻는다

커피

심장의 기능을 도와준다.
의욕이 저하되었을 때, 졸음이 몰려올 때 또는 정신적으로
지친 상태에서 마시면 활기를 얻을 수 있다.
정신을 맑게 하는 작용, 이뇨작용, 소화작용이 강하다.
쓴맛은 변비나 숙취에 효과적이다.

약선 데이터
체질 기체, 수독
오성 평 오미 미고, 삽
귀경 신장, 위

응용 포인트
각성 작용, 이뇨 작용, 소화기능 촉진작용이
있다. 정신 권태 개선, 식욕부진 개선에 도움
을 준다.

· **고르는 법**
산지, 로스팅 방법 등 자신의 취향에 맞는 커피
를 고른다.

· **보관법**
커피 원두는 밀폐용기에 넣어 햇빛이 안드는 서
늘한 곳에 실온 보관한다.

심장 건강에 도움이 된다

코코아

코코아는 카카오 열매의 씨앗인 카카오콩을 말려서 볶은
가루로 만든 것이다.
기운을 보충하며, 심장 두근거림, 피로, 졸음을 해소한다.
동맥경화 예방과 장의 기능을 조절하는 효과도 있다.
코코아에 포함된 폴리페놀은 강력한 항산화작용이 있어,
항암효과도 기대된다.

약선 데이터
체질 기체, 기허, 어혈
오성 평 오미 고, 감
귀경 비장, 위, 심장

응용 포인트
소화기능 촉진작용, 기력 회복작용, 혈행 개선
작용이 있다. 소화불량, 식욕부진, 피로감 해
소, 혈액 순환장애 개선에 도움이 된다.

· **고르는 법**
상품으로 출시된 티백 형태의 제품을 구입해서
사용하는 것도 좋다.

· **보관법**
냉장보관하며, 유통기한 내에 사용한다.

243

고르는 법, 보관법
식재료의 고르는 법, 보관법

01
PART

한방·약선의 이해

1 음양 陰陽

상반되는 관계의 균형을 이루는 것이 중요하다

자연계에서 서로 관련된 사물과 현상의 상호 대립적인 개념이다.

시간은 밤과 낮으로 대립하고 공간은 위와 아래, 내부와 외부, 좌와 우, 남과 북 등으로 대립하며 온도의 한랭과 건조, 광도의 명암으로 구분한다.

아래 그림은 〈태극도〉라고 하며, 삼라만상이 음과 양으로 이루어져 있음을 나타낸다. 이외에도 춘하, 온난, 건조, 흥분, 항진은 양을, 추동, 한랭, 습윤, 억제, 저하는 음을 나타낸다.

한방에서 양증은 몸의 반응이 활발해서 열의 지배를 받는 상태를 말하며, 음증은 추위에 의해 지배되는 상태를 말한다.

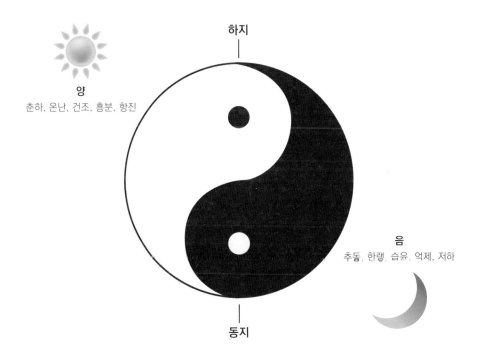

양
춘하, 온난, 건조, 흥분, 항진

하지

음
추동, 한랭, 습윤, 억제, 저하

동지

2 오행 五行

모든 사물은 목·화·토·금·수 5행으로 분류할 수 있다

한방과 동양철학에서 이용되는 자연계의 구분 방법으로 목(木), 화(火), 토(土), 금(金), 수(水)로 대표되는 상호관계를 오행이라고 한다.

목 → 화 → 토 → 금 → 수 방향으로 상생관계가 흐른다. 상생관계는 화살표의 끝에 있는 것을 증가시키거나 강화시키는 작용을 한다.

또, 상생관계의 흐름을 하나씩 뛰어넘어, '목 → 토 → 수 → 화 → 금'의 방향으로 상극관계가 흐른다. 상극관계는 화살표의 끝에 있는 것을 감소시키거나 약화시키는 작용을 한다.

한방에서는 오행을 기초로 오장의 특성을 구분하여, 장부의 생리기능과 상호관계의 이해 및 질병의 진단과 치료에 응용한다.

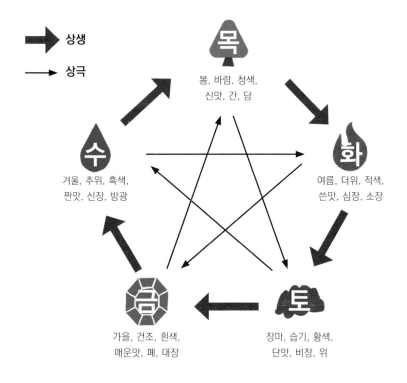

상생
상극

목
봄, 바람, 청색,
신맛, 간, 담

수
겨울, 추위, 흑색,
짠맛, 신장, 방광

화
여름, 더위, 적색,
쓴맛, 심장, 소장

금
가을, 건조, 흰색,
매운맛, 폐, 대장

토
장마, 습기, 황색,
단맛, 비장, 위

3 오성 五性

식재료는 음양의 성질을 5단계로 구분할 수 있다

식재료의 성질로 섭취시 신진대사를 촉진시키거나 억제시키는 특성을 의미한다. 단순히 체온을 올린다 또는 내린다는 의미보다 광범위한 의미를 가진다.

신진대사의 촉진 정도에 따라 열(熱), 온(溫)과 억제 정도에 따라 한(寒), 량(凉)으로 구분하며 촉진과 억제의 중간 성질을 평(平)이라 한다.

오성은 계절과 밀접한 관련이 있으며, 계절에 대한 적응 정도로 몸 상태를 파악 할 수도 있다.

열	· 신진대사를 강하게 촉진하여, 인체 활동의 활성화 정도가 강하다. · 인체 활동력의 심한 저하, 냉감 두통, 냉감 복통, 냉감 관절통 등 순환 소통의 장애로 발생하는 강한 냉감 증상을 개선한다.	후추, 계피, 양고기
온	· 신진대사를 약하게 촉진하여, 인체 활동의 활성화 정도가 순하다. · 소화, 흡수, 순환, 배설, 운동을 활성화한다. · 피로와 식욕, 소화력 저하, 순환 장애, 배설 장애를 개선한다.	소고기, 잣, 양파
평	· 신진대사의 촉진과 억제의 중간 작용으로 인체 활동의 활성화 정도를 균형있게 조절한다. · 인체의 균형을 잘 조절하여, 질병에 대한 저항력과 회복력을 높인다.	쌀, 마, 양배추, 구기자
량	· 신진대사를 약하게 억제하여, 인체 활동이 억제 정도가 순하다. · 인체의 미열, 갈증, 약간 붉게 부은 통증을 개선한다.	오이, 바나나, 미역, 상추
한	· 신진대사를 강하게 억제하여, 인체 활동의 억제 정도가 강하다. · 고열, 염증, 심한 갈증, 심하고 붉게 부은 통증을 개선한다.	우엉, 아스파라거스, 죽순

4 오미 五味

식재료는 오행을 기준으로 5가지의 맛으로 구분할 수 있다

우리가 먹을 수 있는 것은 모두 맛을 가지는데, 그 맛이 각각 다르다. 또 같은 과일이라도 생산 조건과 수확시기에 따라 미세한 맛이 모두 다르다.

일반적으로 맛이라 하면 미각기관인 혀에서 느껴지는 것을 근거로 하지만, 한방의 약성에서 말하는 오미는 미각으로 느껴지는 맛 이외에 임상에서 반영되어지는 효능을 근거로 해서 종합적으로 정해진 경우가 많다.

오미는 신맛(酸), 쓴맛(苦), 단맛(甘), 매운맛(辛), 짠맛(鹹)으로 분류하며, 여기에 담담한 맛(淡)과 떫은 맛(澁)을 더하기도 한다.

산	· **작용** : 체액의 유출방지 작용 · **적응증** : 위의 음액 부족이 원인인 갈증, 식욕부진, 체액의 손상이 원인인 근육경련 · **주의** : 붓기가 있는 경우는 신중하게 사용
고	· **작용** : 이뇨 작용, 신진대사의 항진을 진정시키는 작용 · **적응증** : 신진대사 항진이 원인인 변비, 호흡운동 순환장애 원인의 기침, 습기의 체내 정체 · **주의** : 체액이 부족한 건조증에는 신중하게 사용
감	· **작용** : 에너지 보충 작용. 긴장과 경직을 풀어주는 작용 · **적응증** : 신체가 허약한 증상, 신체의 경련, 경직 등 급성통증. 식재료의 성질을 조화롭게 · **주의** : 습기가 잘 정체되는 증상에는 신중하게 사용
신	· **작용** : 땀 배출을 원활하게 하는 작용. 혈액 순환 촉진 작용 · **적응증** : 추위에 의한 초기 감기, 에너지 순환 장애로 인한 체액의 순환 장애 · **주의** : 체액 손상으로 인한 건조증상 등에는 신중하게 사용
함	· **작용** : 이완하는 작용. 배설하는 작용 · **적응증** : 대변 건조 증상, 임파선염 · **주의** : 혈압상승 유발, 소화기능 손상에 주의한다.

5 오장육부 五臟六腑

장기를 신체의 기능과 작용에 따라 구분한다

한방에서 말하는 오장이란 해부학에서 말하는 장기와 정확히 일치하는 것은 아니며, 심신의 기능을 간(肝), 심(心), 비(脾), 폐(肺), 신(腎) 5개로 나누어 작용 상태에 따라 증상을 파악한다. 예를 들면, 서양의학에서 말하는 간은 소화기의 하나로 음식물에서 얻은 영양소의 대사와 관련된 장기이지만, 한방에서 간은 혈을 모아서 전신에 공급하고 근육을 지배하여 긴장을 유지하며, 감정을 조절하는 동작을 하는 장기로 생각한다.

또, 육부는 담, 소장, 위장, 대장, 방광, 삼초(三焦)로 구분한다.

오장	기능	이상 증상
간	· 혈액을 저장하고 혈류량을 조절한다. · 생체에너지의 소통, 감정을 조절한다. · 소화의 조절, 생식기능을 조절한다.	· 신경과민, 불안, 초조감, 분노 · 두드러기, 황달 · 월경이상, 빈혈
심	· 혈액의 순환을 조절한다. · 정신감정을 조절한다. · 각성·수면 리듬을 조절한다.	· 초조감, 흥분, 집중력 저하 · 불면, 얕은 잠, 다몽 · 심계항진, 호흡장애, 가슴답답함
비	· 영양분을 흡수하고 전달한다. · 생체 에너지의 생성 재료를 공급한다. · 혈액의 생성과 재료를 공급한다.	· 식욕부진, 소화불량, 오심, 설사 · 피하 출혈 · 근위축, 탈력감, 사지 나른함
폐	· 호흡운동과 호흡을 조절한다. · 체내 수액 소통을 조절한다. · 심장을 도와 혈행을 조절한다.	· 기침, 가래, 호흡곤란, 흉통 · 기도의 건조 · 발한 이상, 가려움증
신	· 성장·발육·생식기능을 제어한다. · 뼈·치아를 형성하고 유지한다. · 소변의 배설을 조절한다.	· 성욕감퇴, 불임 · 뼈의 노화, 치아의 탈락, 요통 · 부종, 배뇨장애, 호흡장애

⑥ 기·혈·진 氣·血·津

기, 혈, 진은 신체를 구성하며, 끊임없이 순환한다

한방에서는 기·혈·진이 몸속의 밸런스를 유지하면서 순환함으로써, 생명활동을 영위하는 것으로 보고 있다. 이 기·혈·진에 이상이 생겨 양이 부족해지거나 정체 또는 편중되면, 여러 가지 부조화가 일어난다.

따라서, 기·혈·진 중에서 무엇이 어떤 상태인지가 병태를 파악하는 중요한 기준이 된다. 이러한 기·혈·진의 병태에는 기허, 기역, 기체, 혈허, 어혈, 수독 등이 있다.

기	· 체내에서 끝없이 운행하며 인체를 구성하고 유지하는 에너지이다. · 인체 활성화의 원동력이며 체온유지, 면역력, 체액의 유실방지, 물질 변화의 기능을 한다.
혈	· 혈관 속을 순행하며 생명활동을 유지하는 기본 물질 중 하나이다. · 음식물에서 흡수한 영양분이 혈액 생성의 재료가 되며, 심장을 통해 전신에 전달된다. · 인체에 영양분을 공급하고 자양(滋養)하는 정신활동의 기초 물질이다.
진	· 인체 내의 모든 정상적인 액체를 진액이라고 한다. · 장부조직과 기관 내의 정상적인 액체와 분비물 등이며 인체를 구성한다. · 생명활동을 유지하는 기본 물질 중의 하나이다.

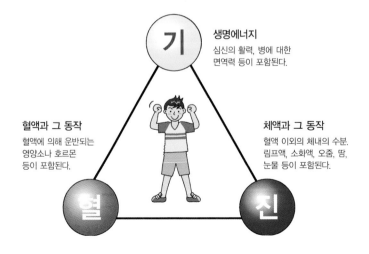

생명에너지
심신의 활력, 병에 대한
면역력 등이 포함된다.

혈액과 그 동작
혈액에 의해 운반되는
영양소나 호르몬
등이 포함된다.

체액과 그 동작
혈액 이외의 체내의 수분.
림프액, 소화액, 오줌, 땀,
눈물 등이 포함된다.

7 귀경 歸經

식재료가 오장에 선택적으로 효과를 발휘한다

식품이나 약재의 오성이나 오미가 같더라도 신체에 작용하는 부위에 따라 역할은 다르다.

귀경은 식품이나 약재가 몸 가운데 특정 장기나 경락에 선택적으로 작용하는 것을 말한다.

즉, 신맛을 가진 한약은 간경 · 담경에, 쓴맛을 가진 한약은 심경 · 소장경에, 단맛을 가진 한약은 비경 · 위경에, 매운맛을 가진 한약은 폐경 · 대장경에, 짠맛을 가진 재료는 신경 · 방광경에 작용한다고 본다. 따라서, 약선이나 한방에서는 귀경을 고려하여 식재료나 약재를 선택하는 것이 매우 중요하다.

● 인체의 오행

오행	목	화	토	금	수
오장	간	심장	비장	폐	신장
육부	담	소장	위	대장	방광
오관	눈	혀	입	코	귀
형체	힘줄	혈관	근육	피부	뼈
감정	화냄	기쁨	생각	슬픔	공포
오액	눈물	땀	군침	콧물	맑은침
오화	손발톱	얼굴	입술	체모	모발

스스로 알아보는 **체질판별 체크리스트**

식재료를 효과적으로 선택하기 위해서는 먼저 자신이 어떤 체질인지 알아야한다.

현재의 증상을 체질판별 체크리스트로 확인하여 자신이 어떤 체질인지를 알아본다.

기허 체질 _생체 에너지 부족

- ☐ 쉽게 피로하고 기운이 없다.
- ☐ 숨이 쉽게 찬다.
- ☐ 정신적인 피로, 의욕저하가 있다.
- ☐ 목소리에 힘이 없다.
- ☐ 식욕저하와 소화불량이 있다.

기체 체질 _생체 에너지 순환 장애

- ☐ 가슴이 답답하고 한숨을 자주 쉰다.
- ☐ 소화기능 저하와 속이 더부룩하다.
- ☐ 월경 전후 생리통, 유방 통증이 있다.
- ☐ 배변 후 잔변감이 있다.

혈허 체질 _빈혈 증상

- ☐ 머리가 어지럽다.
- ☐ 얼굴과 입술이 창백하다.
- ☐ 피부가 건조하고 거칠다.
- ☐ 손발이 창백하며 저리다.
- ☐ 월경 주기가 늦어지고 폐경이 된다.

어혈 체질 _혈액 순환 장애 정체

- ☐ 특정 부위에 찌르는 듯한 통증이 있다.
- ☐ 통증은 야간에 더 뚜렷하다.
- ☐ 동일 부위에 통증이 발생한다.
- ☐ 얼굴색이 어둡고 거칠다.

양허 체질 _신진대사 과도 저하

☐ 손발이 차고 추위를 싫어한다.

☐ 의욕저하가 심하고, 무기력하다.

☐ 일상 생활 중 갈증을 느끼지 못한다.

☐ 차가운 온도의 음식을 극도로 피한다.

음허 체질 _건조증

☐ 전신에 건조 증상이 있다.

☐ 갈증이 물을 마신 후에도 해소가 어렵다.

☐ 일정 주기로 열감을 느낀다.

☐ 손바닥, 발바닥, 심장 부위에 열감을 느낀다.

☐ 수면 중에 헛땀이 난다.

수독 체질 _체액 순환장애 정체

☐ 머리와 몸이 무겁다.

☐ 입안의 설태가 끈적하다.

☐ 가래가 많다.

☐ 손발이 축축하고 잘 붓는다.

☐ 대변이 모양 유지가 안되고 잘 풀어진다.

실열 체질 _생체 에너지 순환 장애

☐ 얼굴에 항상 열감을 느낀다.
눈이 자주 충혈된다.

☐ 땀을 많이 흘리고 고온의 환경을 힘들어 한다.

☐ 뜨거운 음식을 싫어하고 차가운 음식을 선호한다.

☐ 염증이 잘 발생한다.

☐ 식욕과 소화력이 과도하다.
구취, 체취, 변취가 강하다.

※ 다음 페이지부터 체질별 해설과 양생법을 소개하였다.

기허 체질
생체 에너지가 부족하여 기운이 없다

- 일상생활 중 쉽게 피로하고 회복이 느리다.
- 의욕이 저하되고 무기력하다.
- 가벼운 운동이나 활동에도 쉽게 숨이 찬다.
- 스트레스에 약해지고 잘 놀란다.
- 목소리에 힘이 없다.
- 식욕저하와 소화불량이 있다.
- 활동 중에 헛땀이 많이 난다.
- 날씨에 적응이 힘들다.

헛땀이 많이 나온다.

항상 몸이 피곤하다.

식욕이 없고 소화가 잘 안된다.

다리에 힘이 없다.

기체 체질
생체 에너지의 순환이 잘 안된다

- 스트레스 정도에 따라 가슴이 답답하다.
- 한숨을 잘 쉬며 잘 해소되지 않는다.
- 식사량이 줄어 들고 소화기능 저하와 속이 더부룩하다.
- 생리주기가 늦어진다.
- 생리 전후에 팽만감 위주의 생리통, 유방 통증이 있다.
- 배변 주기가 불규칙하다.
- 배변 후 잔변감이 있다.

화를 잘 내며, 항상 초조감을 느낀다.

복부 팽만감이 있다.

트림이나 방귀가 잘 나온다.

생리불순 증상이 있다.

혈허 체질

피가 부족하여, 빈혈 증상이 있다

· 자세와 행동에 따라 머리가 자주 어지럽다.
· 평소에 얼굴과 입술이 창백하다.
· 신체 활동과 상관없이 가슴이 두근거리고 숨이 차다.
· 월경 주기 전후로 피부가 건조하고 거칠다.
· 손발이 창백하고 저리며, 주물러도 해소가
　잘 안된다.
· 손발톱이 건조하고 색이 탁하며
　탄력이 없어 잘 부서진다.
· 월경 주기가 늦어지고 적정 연령보다
　빠른 폐경이 된다.

머리카락이
푸석푸석하다.

얼굴색이
좋지 않다.

피부가
건조하고
거칠다.

가슴이
두근거리고
숨이 찬다.

어혈 체질

혈액이 정체되어 순환장애 증상이 있다

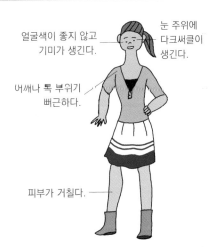

· 외상의 원인으로 발생하는 경우가 많다.
· 시간이 오래되어도 해소가 어렵다.
· 특정 부위에 바늘로 찌르는 듯한
　통증이 있다.
· 통증은 야간에 더 심하다.
· 동일 부위에 통증이 발생한다.
· 얼굴색과 입술색이 어둡고 피부가 거칠다.

얼굴색이 좋지 않고
기미가 생긴다.

눈 주위에
다크써클이
생긴다.

어깨나 톡 부위가
뻐근하다.

피부가 거칠다.

양허 체질

신진대사가 과도하게 저하되고, 몸이 차다

· 계절에 상관없이 손발이 차고, 특히 겨울을 싫어한다.

· 이유 없는 의욕 저하가 심하고 무기력하며
  행동이 느리다.

· 일상생활 중이나 가벼운 운동 후에도
  땀이 잘 나지 않는다.

· 차가운 온도의 음식과 차가운 성질의 음식을
  극도로 피한다.

· 두통, 복통, 관절통 등 냉감 위주의 통증을 자주 느낀다.

· 소변량이 많고 색은 맑으며 자주 본다.

헛땀이
많이 나온다.

얼굴색이
창백하다.

몸매가
호리호리하다.

손발 및
하반신이 차다.

날씨가 차면
허리와 관절에
통증이 있다.

음허 체질

신체 전반에 건조증상이 있다

· 눈, 입, 입술, 피부, 두피 등에 만성적인
  건조 증상이 있다.

· 심한 갈증을 지속적으로 느끼며 물을
  마신 후에도 갈증 해소가 어렵다.

· 숙면이 어렵고 쉽게 깬다.

· 수면 중에 헛땀이 난다.

· 손바닥, 발바닥, 가슴 부위에 열감을 느낀다.

· 손발바닥, 피부가 거칠고 각질이 많이 생긴다.

· 대변에 수분이 부족한 변비가 자주 반복된다.

· 일정 주기로 열감이 발생하고 주로 오후에 열감을 느낀다.

목갈증이나
안구건조증이
있다.

얼굴홍조, 몸전체에
열오름 증상이 있다.

변비증상이
있다.

몸매가 야윈형이며,
먹어도 살이 찌지 않는다.

수독 체질

체액이 정체되어 순환장애 증상이 있다

- 머리와 몸이 찌뿌둥하고 무거운 증상이
  자주 반복된다.
- 가슴이 답답하고 무거운 느낌이 있으며
  한숨을 쉬어도 변화가 없다.
- 입안의 설태가 두껍고 끈적하고, 가래가 많다.
- 손발이 축축하고 잘 붓는다.
- 대변이 모양 유지가 안되고 자주 배설한다.
- 습도가 높은 장소나 날씨에 적응이 힘들다.
- 충분한 휴식에도 아침기상이 힘들다.

입안의 설태가
끈적끈적하다.

설사를
자주 한다.

손발이 차다.

다리가
잘 붓는다.

실열 체질

신진대사의 과도한 항진으로 몸에 열이 많다

- 얼굴이 붉고 눈이 자주 충혈된다.
- 땀을 많이 흘리고 고온의 환경과
  날씨에 적응이 어렵다.
- 온도가 뜨거운 음식을 싫어하고
  차가운 음식을 선호한다.
- 쉽게 조급해지고 작은 스트레스에도 감정 억제가 어렵다.
- 눈다래끼, 구내염, 편도선염, 모낭염 등 피부에
  각종 염증이 잘 발생한다.
- 식욕과 소화력이 왕성하여 체중이 늘어난다.
  구취, 체취, 변취가 강하다.

눈이 자주
충혈된다.

피부에 염증이
잘 발생한다.

식욕과 소화력이
왕성하다.

더위를
잘 탄다.

02
PART

한방식재료

한방식재료는?

-자연에서 얻는 약이 되는 식재료-

식약동원(食藥同源)은 음식과 약은 그 근원이 같다는 뜻으로 약식동원과 같은 의미이다. 각자의 몸에 맞는 음식을 먹으면 그것이 약이 되듯, 맞지 않은 음식을 계속해서 먹는다면 그것 또한 독으로 작용한다는 뜻이다.

우리가 일상에서 먹는 야채, 과일, 생선, 고기 등의 식재료도 자신의 체질에 맞다면 '약'이 된다. 따라서 한방식재료를 맞게 사용하면 일상의 요리에서도 약리효과를 체감할 수 있다.

한방식재료란 한방에서 사용하는 약재이면서, 식재료로도 많이 사용되는 재료를 말한다. 이들 재료는 대부분 마트나 인터넷 쇼핑을 통해서 쉽게 구할 수 있는 것들이다.

감기를 없애고, 열을 내린다

갈근

한방약선재료

허브향신료

약선류

채소류·버섯류

과실류

수산류

육류·유제품

조미료·향신료

약선 데이터

체질	양열, 음허		
오성	량	오미	감, 신
귀경	비장, 위		

응용 포인트

몸살감기, 근육통에 효과가 좋다.
차가운 성질이므로 몸이 차가운 사람은 장기
과량 섭취를 하지 않는다.

칡뿌리를 한방에서는 갈근이라 하고 유명한 생약재이며,
초기 감기에 특효약이다. 열을 내리는 작용이 있으며, 목
과 어깨의 뻣뻣함을 개선한다.
갈분은 칡뿌리에서 전분의 성분을 추출한 것이다.
여성호르몬과 비슷한 작용을 하는 이소플라본유도체나
10종류 이상의 사포닌 등 영양성분이 풍부하다.
혈류개선, 호르몬밸런스 조정 등 다양한 효능이 있다.

• 고르는 법
　갈분으로 표시되어 있어도, 다른 전분이 섞여있
　는 경우가 많다.
　좋은 효능을 얻으려면 100% 갈분을 선택하는 것
　이 좋다.

• 보관법
　개봉 전에는 상온에서 보관한다.
　고온과 습기에 약하기 때문에 개봉 후에는 밀폐
　용기에 넣어 냉장고에 보관한다.

함께 먹으면 좋아요

감기 예방에

생강

귤

갈근을 10분 정도 끓여 귤과즙과 생강을 더한다.
귤과 생강이 몸을 따뜻하게 하고, 갈근이 감기 기운을 몰
아낸다.

열이 있을 때

사과

갈근과 사과는 모두 몸의 열과 갈증을 없애는 효능이 있어, 시너지 효과
를 기대할 수 있다. 물에 녹인 갈분을 따뜻하게 하고, 여기에 갈아서 잘게
만든 사과를 추가한다.

**주의
하세요**

몸이 찬 사람은 사용량에 주의한다
갈근은 성질이 차기 때문에, 위장이 차고 헛땀이 나는 사람은 사용량을 줄이거나 사용
하지 않는 것이 좋다.

피를 생성하며, 여성 질환에 좋은 약재

당귀

 약선 데이터

체질	혈허, 어혈
오성	온	오미	감, 신, 고
귀경	심장, 간, 비장

 응용 포인트

빈혈, 월경 지연에 효과가 좋다.
얼굴이 창백하고 어지럼이 있는 빈혈 증상에
당귀가 보혈 기능을 해서 부족한 혈액을 보충
한다.
사용량은 하루 10g 정도가 적당하다.

- 고르는 법
  샐러리와 같은 특유의 향이 나는 신선한 것을 선
  택한다.
  향이 매력적인 당귀잎은 쌈채소로도 활용할 수
  있다.
- 보관법
  고온 및 다습을 피하고, 냉암소에 보관한다.

산형과 당귀속 식물의 뿌리를 건조시킨 것으로 심장·간·
비장에 작용한다. 피를 보충하여 빈혈을 조절하고 어혈을
제거하여 혈액의 흐름을 좋게 한다.
혈허, 어혈 등의 혈액과 관련된 병에 사용된다.
생리불순, 생리통, 임신 중, 산후의 모든 부조에 좋기 때문
에 '부인과의 양약'으로 불린다.
몸을 따뜻하게 하고 통증을 완화시키는 작용이 있다.

 함께 먹으면 좋아요

빈혈 개선에

닭고기   인삼   대추

기혈을 보충하는 대추, 인삼, 닭고기로 수프를 만
든다. 또, 찹쌀과 채소 등을 넣어 끓이는 방법도
추천한다.

생리통 완화에

시나몬   생강   진피

혈액순환을 잘되게 하고 기혈을 보양하며, 냉감
위주의 생리통증을 완화시켜준다.

 주의
하세요

위장이 약한 경우는 피한다
위장이 약하고 설사를 많이 하며, 복부팽만감이 있는 사람은 피한다.

기운을 보충하는 최강의 약초

인삼

인삼이 생산되는 산지의 기후와 토양에 따라 약효에 차이가 있다.
우리나라에서 생산되는 인삼이 가장 약효가 우수하다고 한다. 허약 체질을 치료하는 최고의 약재이며, 불로장수의 약으로 널리 사용되고 있다.
다양한 약효는 쓴맛 성분의 사포닌과 비타민류, 미네랄류가 상승하여 생긴 것으로 혈행 촉진, 피로 회복, 장조절 등의 작용이 있다.

 약선 데이터

체질	기허, 음허		
오성	미온	오미	감, 고
귀경	폐, 비장		

 응용 포인트

병후식에 좋은 약선식재료이다.
만성피로, 면역력 저하에 효과가 좋다.
열이 많은 사람은 섭취를 금한다.
열을 많이 내는 약재이기 때문에, 과용 오남용에 주의한다.

• 고르는 법
연수에 따라 1년근~6년근으로 분류한다.
6년근이 제일 좋고, 3년근 이하는 효능이 다소 떨어진다.

• 보관법
수삼은 키친타올에 싸서 냉장고에 보관한다.
진공팩에 넣으면 장기간 보관할 수 있다.

 함께 먹으면 좋아요

체력 회복에

돼지고기
대추

인삼을 뜨거운 물에 넣고 하룻밤 재운 후 얇게 썰어, 대추, 닭고기와 함께 끓인다. 인삼의 오장을 보하는 효능과 대추의 피를 보충하는 효능, 닭고기의 기를 보충하는 효능이 상승작용.

눈피로 개선에

구기자

눈에 좋은 구기자와 기를 보충하는 인삼을 잘게 잘라, 온수를 붓고 차로 우린다.
매일 마시면 눈에 좋은 효과가 나타난다.

 주의 하세요

갱년기 증상인 열오름이 있거나 고혈압인 사람은 피한다
인삼은 기를 보충하는 작용이 매우 강하기 때문에, 많이 먹으면 혈압이 급하게 상승할 우려가 있다. 특히 갱년기의 열오름 증상이 있거나 고혈압인 사람은 피한다.

다운된 기운을 끌어 올린다

황기

황기는 저하된 내장의 기능을 높이는 기능이 우수하다.
쉽게 피곤하거나, 기력이 떨어지거나, 식욕이 없거나, 숨
이 찰 때 사용하면 좋다.
또한 땀을 많이 흘리거나, 밤에 잘 때 땀 흘리는 증상을
억제한다.
이뇨작용이 있어 붓기를 개선하는 효과도 기대할 수 있
다. 면역기능을 높여, 만성화한 감염증의 치료도 기대할
수 있다.

 약선 데이터

체질	기허, 양허		
오성	온	오미	감
귀경	비장, 폐		

 응용 포인트

병후식에 좋은 약선식재료이다.
무기력, 하지 부종에 효과가 좋다. 땀배출을
억제하므로 열이 많은 사람은 피한다.
내장의 기능을 높이기 때문에, 식욕이 없을 때
다른 보양식과 함께 먹어도 좋다.

• 고르는 법
  건조품과 볶은 것이 있는데, 증상에 따라 선택
  한다.
• 보관법
  건조품은 고온 및 다습을 피하여, 냉암소에 보
  관한다.

 함께 먹으면 좋아요

피로 회복에

인삼

자양강장 작용이 강하여 기를 보충하는 인삼과 함께 차로 달여 마신
다.
심신의 피로를 회복하는 효과가 향상된다.

간기능 향상에

소고기

생강

기와 혈을 보충하는 소고기와 몸을 따뜻하게 하는 생강을
더하면, 기를 보충하는 기능을 더 끌어올린다. 기를 순환시
키는 진피와 달여도 면역력을 향상시키는 효과가 높아진다.

주의
하세요

열이 많은 사람은 피한다
황기는 따뜻한 성질이므로 열이 많은 사람이나, 열이 많은 사람의 급성염증에는 피하
는 것이 좋다.

시력 회복, 노화 방지에 효과적

구기자

선명한 붉은색과 은근한 단맛이 나는 구기자나무의 열매로, 예로부터 자양강장, 불로장생의 묘약으로 알려진 약재이다.

약선에서는 간과 신장의 기능을 향상시켜, 시력을 회복시키고 노화를 늦추는 작용이 있는 것으로 알려져 있다. 비타민류와 미네랄류 등의 영양이 풍부하고, 혈압을 낮추는 작용과 함께 거친 피부 미용에도 효능이 있다.

약선 데이터

체질	음허, 혈허		
오성	평	오미	감
귀경	간, 신장, 폐		

응용 포인트

병후식에 좋은 약선식재료이다.
구기자는 보습 효과가 좋은 약재로 알려져 있다. 노안, 백내장, 안구건조증 등에 좋다.
하루에 10g 정도 끓여서 먹으면 눈에 좋은 효과를 발휘한다.

• 고르는 법
　생품이나 건조품 모두 중국의 하회족 자치구에서 나는 영하구기자가 품질이 좋고 약효도 높다.

• 보관법
　생품이나 건조품 모두 직사광선이 닿지 않고, 낮은 온도가 유지되며 통풍이 잘 되는 곳에 보관한다.

함께 먹으면 좋아요

노화 방지에

구기자와 같이 노화방지 효과가 있는 마를 찌고 갈아서, 여기에 수분을 공급하는 꿀을 넣어 디저트로 만들어 먹는다.

마　　꿀

노안, 시력 저하에

국화

열감이 있을 때, 눈을 좋게 하는 찬 성질의 국화(건조품)와 조합하여 차로 만들어 먹으면 좋다.

주의 하세요

게와 함께 먹지 않는다
위장이 약한 사람이 구기자와 게를 함께 먹으면, 위장의 상태가 나빠져 배가 아프고 설사를 할 수도 있다.

소화를 촉진시키고, 혈액순환을 개선한다

산사자

 약선 데이터

체질	어혈
오성	온
오미	산, 감
귀경	비장, 위, 간

강한 신맛을 가진 과일이다. 서양에서는 강심작용과 혈액순환에 효과가 있는 허브로 사용된다.

소화를 촉진하는 효능이 뛰어나 육류요리 등 기름진 식사와 외식을 자주하는 사람에게 적합하다.

한방에서는 소화불량, 어혈, 탈장, 생리불순 등의 증상에 처방된다.

다이어트, 혈압·콜레스테롤 수치저하, 암 예방 등의 효능이 인정되고 있다.

 응용 포인트

육식 식체에 효과가 좋다.

산도가 높아 치아를 손상하기 쉬우므로, 섭취 후에는 반드시 양치질을 해야 한다.

복용량은 하루에 10g 정도가 적당하다

•**고르는 법**

약효는 생식할 때가 좋지만, 신맛이 강하기 때문에 드라이후루츠나 분말로 된 것이 사용하기 편리하다.

•**보관법**

드라이후루츠나 분말 모두 고온다습한 곳이 아닌 상온에서 보관할 수 있다.

냉장보관을 권장한다.

 함께 먹으면 좋아요

소화 불량일 때

진피

위의 기를 순환시켜 위장의 연동운동을 활발하게 하는 진피와 소화를 촉진하는 산사자에 더운 물을 부어 마신다.

위가 약하고 속이 더부룩한 사람에게 적합하다.

간기능 향상에

숙주나물

한방에서는 피에 열이 많으면 혈액이 열로 인해 뻑뻑해진다고 여긴다. 어혈을 제거하는 산사자와 열을 내리는 숙주나물로 수프를 만들어 먹는다.

주의 하세요

임신 중에는 먹지 않는다

산사자는 자궁 수축작용이 있기 때문에, 임신 중에는 먹지 않도록 한다.

혈액을 보양하고, 마음을안정시킨다

용안육

약선 데이터

체질	혈허, 기허		
오성	온	오미	감
귀경	심장, 비장		

응용 포인트

몸이 차갑고 무기력한데 도움이 된다.
울화가 있으면 피한다.
복용량은 하루에 10g 정도가 적당하다.

건조시킨 과육을 드라이후르츠나 한방약으로 이용하고
있다.
단맛이 강하고 혈액을 보양하며, 마음을 안정시키는 효과
가 있다. 불면증 등을 개선하는 효과도 기대된다.
피로나 기혈 부족으로 인한 정신적인 증상, 건망증, 빈혈
등에도 좋다.
그대로 먹기도 하지만, 주로 뜨거운 물을 부어서 부드럽
게 해서 먹는다. 또 럼주 등에 넣으면 과육을 즐길 수 있다.

• 고르는 법
  생식도 가능하지만, 한방에서는 건조시킨 것을
  사용한다.
  그 해에 생산된 것으로 갈색을 띠며, 신선한이 좋
  다. 오래될수록 검은색을 띤다.

• 보관법
  고온 다습을 피하고, 냉암소에 보관한다.

함께 먹으면 좋아요

불면증 개선에

여실 대추

용안육에 연실과 대추, 물을 넣고 끓인다.
대추가 기와 혈을 보충하며, 용안육의 단맛이 마음을 안정시켜
깊은 수면을 유도한다.

피로 회복에

생강
닭고기

닭고기, 생강, 술, 간장으로 수프를 만든다.
닭고기도 생강도 몸을 따뜻하게 하고 기혈을 보충하여 피로를
회복시키는 효과가 있다.

주의
하세요

열이 많은 사람은 피한다
몸에 열이 많거나 열오름이 있는 사람, 소화불량 또는 임신 중일 때는 많이 먹지 않도
록 한다.

한방약식재료

외모 향신료

양식류

채소류·버섯류

과실류

수산류

육류 유제품

조미료·약이

기침과 가래를 없애고, 식욕을 촉진한다

진피

약선 데이터

체질	기체, 수독
오성	온
오미	신, 고
귀경	비장, 폐

주로 익은 온주밀감의 껍질을 그늘에 건조시킨 것이다.
진피(陳皮)는 '오래된 껍질'이라는 의미가 있다.
달콤하고 상쾌한 향기가 기운을 돋우며, 위장의 기능을 돕
고 기분을 산뜻하게 해준다.
끓여 마시면 기침과 가래를 동반하는 감기 치료에 효과
가 있으며, 요리에 사용하면 위를 자극하여 식욕을 증진
시킨다.
목욕제로 사용하면, 몸을 따뜻하게 하여 땀을 나게 한다.

응용 포인트

진피는 소화가 잘 안될 때 도움이 되며, 스트
레스 해소에 좋다.
진피가 없을 때는, 유자나 감귤류 등을 차를
우려 마셔도 좋다.

• 고르는 법
  제철 : 11~12월
  온주밀감의 껍질을 사용한 것이 좋다.
  색이 검더라도 오래되고 잘 마른 것일수록 품질
  이 좋은 것이다.

• 보관법
  습기를 잘 흡수하기 때문에 개봉 후에는 습기가
  적은 서늘한 곳에 보관한다.
  냉장고의 냉장실에 보관해도 좋다.

함께 먹으면 좋아요

가래 해소에

배   꿀

진피나 배는 모두 가래를 제거하는 작용이 있다. 배를 부드럽
게 끓여내고, 진피를 첨가하여 5분 정도만 가열한다.
여기에 목을 촉촉하게 하는 꿀로 단맛을 더한다.

식욕 증진에

대추

대추와 진피로 차를 만들어 마신다. 대추가 위장 기능을 향상시키고, 진
피는 위장의 기를 순환시켜 식욕을 높인다.
피로감과 빈혈 개선에도 도움이 된다.

주의
하세요

진피는 오래 끓이지 않는다
진피의 향에는 기운을 순환시키는 작용이 있다.
과도하게 가열하면 향이 사라져서 효능이 약화될 수 있다.

기침, 천식을 진정시킨다

행인

살구 열매에서 꺼낸 씨앗으로, 한방치료에서는 기침이나 천식, 혈압강하, 항암 등의 약효를 가진 고행인(苦杏仁)을 사용된다.

약선에는 주로 감행인(甘杏仁)을 분말로 만들어 기름기를 제거한 행인상을 사용한다.

100% 감행인은 향기가 좋고, 높은 효능도 기대할 수 있다. 또 행인기름은 피부보습력을 높이기 때문에 건조한 피부에 효과가 있는 화장품을 만들 때 사용된다.

 약선 데이터

체질	음허
오성	온	오미	감
귀경	폐, 대장

 응용 포인트

기침을 진정시키는 데 도움이 된다.

장을 촉촉하게 하여, 변비를 해소하는 효능이 있다.

설사나 무른 변에는 사용을 피한다.

• 고르는 법
제철 : 6~7월
행인상은 두부의 원료로 사용된다.
행인두부용은 한천이나 설탕이 섞여 있는 경우가 있으므로 100% 행인으로 된 것을 고른다.

• 보관법
직사광선을 피하고, 냉암소에 보관한다.

 함께 먹으면 좋아요

기침을 진정시킬 때

꿀

인후부의 상태를 조절하는 행인과 폐와 인후부를 윤택하게 하는 꿀을 뜨거운 물에 타서 마신다. 인후부의 붓기가 빠지고, 기침을 진정시키는 효과를 기대할 수 있다.

스트레스 해소에

박하

빙당

행인의 기침을 진정시키는 작용과 박하와 빙당의 몸을 시원하게 하는 작용이 인후부의 통증을 완화시킨다. 뜨거운 물에 행인상과 빙당을 녹이고, 민트를 잘게 썰어 넣는다.

주의
하세요

고행인은 섭취량에 주의한다
고행인을 많이 섭취하면 중독되는 수가 있으므로, 1일 10g 정도로 제한한다.
감행인은 중독되지 않는다.

눈의 다양한 증상을 해결한다

국화

 약선 데이터

체질	양열		
오성	한	오미	감, 고
귀경	간, 폐		

국화는 관상용뿐 아니라, 오래 전부터 식용으로도 애용되어왔다. 한방에서는 생약으로 건조품 국화를 사용한다. 약선에서는 주로 눈의 문제 해소를 위해 사용되며, 눈이 건조하거나 흐리게 보이는 현상, 결막의 충혈 및 통증 등을 개선하는 데에 사용된다.

눈 피로에 따른 두통에도 좋은 효과가 있다. 영양소 중에서 비타민 B1은 시신경에 영양을 공급한다.

 응용 포인트

국화는 열을 내려서 종기, 눈 충혈, 두통, 어지럼증 등 열로 인한 증상을 개선한다.
산국은 국화에 비해 강하기 때문에 사용량을 줄인다 .

- 고르는 법
  제철 : 9~11월
  꽃색이 선명하고 신선한 것을 선택한다.
  꽃잎이 갈색으로 변색되거나 시든 것, 녹색 꽃받침이 시들어 있는 것은 피한다.
  한방약재는 건조품을 사용한다.

- 보관법
  쉽게 손상되므로 냉장고에 보관하고, 가능한 빨리 사용하거나 끓여서 소분하여 냉동 보관한다.

 함께 먹으면 좋아요

감기 초기에

녹차

국화 건조품을 녹차와 함께 주전자에 넣고 뜨거운 물을 부어 우려 마신다. 국화와 녹차는 모두 불필요한 열을 제거하고 염증을 억제하는 효과가 있어, 발열을 동반한 감기 초기에 마시면 좋다.

목의 부종과 통증 완화에

꿀

국화에는 목의 통증이나 부종을 완화하는 효과도 있다. 국화 건조품을 끓인 후 건져내어 적당량의 꿀을 첨가한다. 목을 촉촉하게 해주는 꿀과 국화의 상승효과로 증상을 완화시킨다.

주의
하세요

몸이 찬 사람은 많이 먹지 않는다
국화는 몸을 차게 하는 성질이 있으므로, 몸이 차거나 냉증이 있는 사람, 설사를 잘 하는 사람은 과식하지 않도록 한다.

향이 기분을 편안하게 해준다

해당화

장미과의 해당화의 꽃봉오리를 건조시킨 것으로 달콤한 향기가 기혈을 순환시켜 간의 기능을 좋게 한다.
스트레스로 인한 불안감, 조바심, 위통, 옆구리 통증, 복부 팽만감을 완화시킨다.
통증을 멈추는 효과로 생리통과 월경전증후군도 개선하는 효능이 있다.
특히 여성의 여러 가지 증상 개선에 뛰어난 재료이다.
단독으로 차로 마시는 것 외에 홍차에 더해 마셔도 좋다.

약선 데이터

체질	기체, 어혈
오성	온
오미	감, 미고
귀경	간, 비장

응용 포인트

스트레스 해소, 월경 부조, 복부 팽만감 등에 효과가 좋다. 특히 여성에게 적합하다.
꽃봉오리를 세로로 잘라서 우리면 빠른 시간에 잘 우러난다.

• 고르는 법
잘 건조된 것을 고른다.
색이 선명하고 향기가 좋은 것이 신선한 것이다.

• 보관법
밀폐용기에 넣어, 고온다습을 피해 냉암소에 보관한다.

함께 먹으면 좋아요

기분이 우울할 때

기분을 업시키는 효과 외에 스트레스로 인한 위통 등의 통증도 완화된다.

자스민

유자

꿀

조바심이 생길 때

해당화로 끓인 차에 소량의 박하를 첨가한다.
향기가 기를 순환시켜 조바심을 해소한다. 레몬이나 오렌지 등의 과즙을 첨가해서 먹어도 좋다.

박하

밤

주의 하세요

열을 너무 많이 가하지 않는다
쓴 맛이 나는 꽃받침을 제외하고, 반으로 갈라서 뜨거운 물을 붓는다.
열을 너무 많이 가하면, 향기가 날아가 버리기 때문에 주의한다.

여성 질환에 좋다

홍화

홍화는 처음에는 노란색이지만 물에 씻어 말리기를 반복하면 선명한 홍색으로 바뀐다.

혈액을 맑게 하고 혈액순환을 좋게 하기 때문에 월경불순, 월경통, 갱년기장애 등 여성 특유의 혈액으로 인한 증상에 효과가 있다.

냉증, 근육결림, 통증을 완화시키는 기능도 있다. 또 종자에서 얻은 기름은 고혈압과 동맥경화 예방에 효과가 있다.

우리나라에서는 주로 홍화씨를 사용한다.

 약선 데이터

체질	어혈		
오성	온	오미	신
귀경	심장, 간		

 응용 포인트

혈액을 맑게 하고 혈액의 순환을 돕기 때문에 특히 월경불순, 월경통, 갱년기장애 등의 여성 질환에 좋다.

소화촉진, 스트레스 해소에 도움이 된다.

기름기 많은 음식과 잘 어울린다.

• 고르는 법

제철 : 7~8월

향이 강하고 색이 신선하며, 품질이 균일한 것이 좋다.

인공적으로 착색한 경우도 있으므로 무첨가한 것을 선택한다.

• 보관법

고온다습을 피하고, 상온에 보관한다.

 함께 먹으면 좋아요

혈액 순환 개선에

목이버섯

혈액순환을 잘 되게 하는 식재인 목이버섯을 함께 넣어 수프를 만든다.

어혈을 제거하는 홍화를 더하면 혈액순환에 도움이 된다.

냉증 개선에

참쌀

뜨거운 물에 넣은 홍화와 찹쌀을 함께 끓인다.

배를 따뜻하게 하는 찹쌀과 혈류를 개선하여 냉증을 치료하는 홍화가 상승작용하여 냉증을 개선한다.

주의
하세요

임신 중이나 출혈 시에는 사용을 금한다

혈류의 흐름을 과도하게 할 수 있으므로, 임신 중이나 월경과다 등 출혈이 있을 때는 사용을 금한다.

03
PART

허브·향신료

허브·향신료는?

-적은 양을 넣어도 약이 되는 식재료-

  허브와 스파이스 같은 서양식 양념재료도 소량으로 사용하면 풍미와 건강에 좋은 효과를 발휘할 수 있다.

  마늘, 생강 등의 양념재료나 커민, 후추 등의 향신료는 우리 식생활에 빠질 수 없는 식재료이며, 좋은 성분을 많이 포함하고 있다.

  또, 이들 재료는 한방약의 원료로 사용되는 것도 많으며, 한방 요리에서는 필수적인 식재료이다. 소량으로도 요리의 맛과 향을 더할 수 있으며, 잘 활용하면 과다한 소금 섭취를 방지하는 데도 도움이 된다.

  허브, 스파이스, 양념, 향신료 등은 독특한 향기를 가지고 있어서 식욕을 증진시켜 준다. 따라서 위액의 분비를 촉진하여 소화 불량을 개선하고 위를 건강하게 만드는 역할도 한다.

  그리고 허브는 단독으로 차를 만들어 마시는 것이 많다.

기억력·집중력을 향상시킨다

로즈마리

응용 포인트

피부를 부드럽게 진정시켜주는 효능이 있어
화장품 원료로 사용된다.
특유의 신선한 향이 뇌의 기능을 활성화시켜
주므로 향신료로 많이 사용된다.

만지기만 해도 향기가 전해오기 때문에 항상 향기가 난다
는 뜻의 미송향(迷送香)으로도 불린다.
'기억의 허브', '젊음의 허브'로도 유명하며, 강한 향기가
기억력과 집중력 향상시키는 효과도 기대할 수 있다.
관절의 염증을 억제하고 혈류를 개선하며, 위장의 작용을
돕는 등의 효과가 있다.
로즈마리를 끓인 물에 넣은 차는 꽃가루알레르기를 완화
한다고 알려져 인기가 있다.

• 고르는 법
　향이 강하게 나는 것이 신선하다.
　신선도가 떨어지면 향기가 손실된다.

• 보관법
　통풍이 잘 되는 곳에서 건조시킨 후, 밀폐용기에
　넣어 보관한다.

함께 먹으면 좋아요

스트레스 완화에

꽃양배추

샐러드를 만들어 먹는다. 꽃양배추는 뇌에 작용하는 재료 중 하
나이다. 로즈마리의 우울증을 없애는 효과를 높여, 기분을 상쾌
하게 해순다.

피로 회복에

대구

대구를 로즈마리와 함께 찌거나 굽는다.
위장을 건강하게 하는 로즈마리와 기운을 보양하는 대구의 조합
으로 기력과 체력을 보충한다.

**주의
하세요**

빈혈이 있는 사람은 주의한다
로즈마리는 떫은 성분의 타닌을 포함한다. 이것은 철분의 흡수를 방해하기 때문에 빈혈
이 있는 사람은 피하는 것이 좋다.

위의 기능을 돕고, 소화를 촉진한다

바질

서양에서는 예전부터 많이 사용하는 식재료이며, 특히 이탈리아 요리에서는 빼놓을 수 없는 허브이다.
스위트바질이나 부시바질 등의 종류가 있으며, 베타카로틴이나 철분 등을 풍부하게 함유하고 있다.
또한, 토마토와 치즈와 잘 어울리는 것으로 알려져 있다.
위의 기능을 돕고 소화를 촉진하는 작용이 있으며, 기름진 요리와 고기 요리 등에 추가하면 소화불량을 방지하는 효과를 기대할 수 있다.

 약선 데이터

체질	어혈, 기체
오성	온
오미	신, 감
귀경	폐, 위, 비장

 응용 포인트

두통, 신경과민, 구내염, 진정, 살균, 불면증과 유즙을 잘 나오게 하는 효능이 있다.
강정효과와 건위효과가 있어, 위장의 기능을 돕고 소화력을 촉진한다.

• 고르는 법
제철 : 7~10월
잎은 검은 빛이 없고 푸른색이며 시들지 않고 싱싱한 빛을 띠는 것을 선택한다.

• 보관법
생잎은 가급적 빨리 사용한다. 통풍이 잘되는 그늘에서 하루 정도 말리면 건조품 바질이 된다.
그대로 비닐 봉투에 넣어 냉동 보존하는 것도 가능하다.

 함께 먹으면 좋아요

과식했을 때

두부

바질도 두부도 위의 작용을 돕는 효능이 있다.
과식으로 위가 부담될 때, 두부에 바질을 듬뿍 뿌려 샐러드를 만들어 먹으면 좋다.

피로회복에

파스타

기를 돋우는 밀가루와 기의 순환을 도와주는 바질을 함께 쓰면 피로회복에 좋은 효과를 발휘한다. 아미노산이 풍부한 파르미지아노 치즈를 추가하면 더욱 좋은 효과를 낼 수 있다.

주의
하세요

생잎을 오래 만지지 않는다
바질 잎에는 자극성 물질이 들어 있다.
피부가 민감한 사람은 요리하는 동안에도 만지는 시간은 가능한 한 짧게 한다.

인후부의 통증이나 열감 해소에

박하

자극적인 향이 특징인 박하는 널리 알려진 허브 중 하나이다.
과자의 고유한 맛을 내거나 기분을 상쾌하게 하는 허브티로도 인기가 있다.
기의 순환을 원활하게 하는 작용 외에 해독·해열 작용도 있다. 몸에 열이 있을 때나 머리나 얼굴이 화끈 거릴 때, 여름 더위가 심할 때 먹으면 좋다.
목의 붓기와 통증 개선에도 도움이 된다.

약선 데이터

체질	기체, 양열
오성	량
오미	신
귀경	폐, 간

응용 포인트

편도선 부종, 코막힘에 도움이 된다.
냉감 두통에는 피한다. 장기 섭취는 피한다.
이 외에도 화장품이나 목욕제 등에 주로 쓰이는 종류도 있다

•고르는 법
　제철 : 5~9월
　녹색이 짙고 신선한 것을 선택한다.
　벌레 먹은 것이나 시든 것은 피한다.
　건조 분말은 소비기한을 확인한다.

•보관법
　생잎은 따서 바로 사용하는 것이 가장 좋다.
　물을 넣은 컵에 줄기가 붙은 채로 꽂아두면 며칠간 보존할 수 있다.

함께 먹으면 좋아요

몸에 열이 있을 때

박하와 국화(건조품) 모두 몸의 열을 없애는 효능이 있으므로 뜨거운 물을 부어 차로 마시면 좋다. 빙당을 조금 넣으면 단맛이 더해져서 먹기 좋다. 열로 인한 목의 통증도 완화된다

국화

목의 붓기, 통증 완화에

목의 통증을 치유하는 박하와 몸이 너무 차가운 것을 막아주는 복숭아로 샐러드를 만들어 먹으면 좋다.
목이 부어있을 때 먹으면 증상이 완화되고, 맛도 깔끔하다.

복숭아

주의
하세요

몸이 찬 사람은 많이 먹지 않는다
몸의 열을 식히는 작용이 강하기 때문에, 냉증이 있는 사람은 많이 섭취하지 않거나 몸을 따뜻하게 하는 것과 함께 먹는다.

인후통, 생리불순을 완화시킨다

세이지

이름의 어원은 라틴어 '치료하다'에서 유래된 것이다.
살균력이 뛰어나 인후통과 구내염을 완화시킨다. 유럽에
서는 양치질 약이나 방부제의 재료로 사용되고 있다.
쑥을 닮은 상쾌한 향은 불안감을 진정시키고 의욕을 북
돋우어주는 효과가 있으며, 머리를 시원하게 하여 집중력
을 높인다.
피로를 회복하거나 위를 튼튼하게 하며, 생리불순, 갱년기
장애 등에도 약효도 좋은 것으로 알려져 있다.

약선 데이터

체질	양열, 수독, 어혈
오성	평	오미	고, 신
귀경	심장, 간, 비장

응용 포인트

강장작용 외에 신경계통이나 소화기계통에
뛰어난 약효가 있다.
방부, 항균, 항염 등 살균·소독작용도 있어 각
종 염증의 소염제로도 쓰인다.

• 고르는 법
  잎이 오래되면 노란색으로 변색되므로 진한 녹색
  인 것을 선택한다.
  건조 분말은 확실하게 포장된 것을 고른다.

• 보관법
  그늘에 말려서 건조시킨다.
  전자레인지로 1분 정도 가열해도 된다.
  건조한 잎은 회색으로 변색된다.

함께 먹으면 좋아요

혈행 촉진에

타임

세이지와 궁합이 잘 맞는 타임을 조합하여 허브티를 만들어 마신다.
시너지효과로 혈액순환을 잘되게 한다.
약효가 강하기 때문에 많이 마시지 않는다.

노화 방지에

돼지고기

돼지고기에 세이지를 넣어 구우면 냄새를 없애고 효능도 상승한다.
세이지가 가진 안티에이징 효과를 돼지고기의 신장을 보하는 작용
이 도와준다.

주의
하세요

임신 중에는 먹지 않는다
타임과 마찬가지로 강장작용이 강력하기 때문에 너무 많이 먹는 것은 금한다.
특히 임신 중에는 먹지 않는다.

강력한 항균 효과로 식중독을 예방한다

겨자

한방식재료

약미·향신료

양식류

채소류·버섯류

과실류

수산류

북류·가공류

조미료·음료

약선 데이터

체질	기체, 수독, 양허		
오성	열	오미	신
귀경	폐, 위		

응용 포인트

생강, 마늘, 후추와 함께 중요한 향신료로 사용된다.
냉감 복통, 구토에 효과가 좋다. 마른기침과 건조증에는 피한다.
하루 사용량은 10g 이하가 적당하다.

• **고르는 법**
　다양한 종류가 있으며, 용도에 따라 믹스 겨자, 가루 겨자, 알갱이 겨자 등을 선택한다.

• **보관법**
　가루 겨자는 고온 다습을 피하고, 밀폐 용기에 넣어 실온에서 보관한다.
　페이스트 형태인 경우에는 개봉하면 냉장고에 보관한다.

겨자에는 다양한 종류가 있지만, 생약으로 사용되는 백겨자는 가래를 제거하고 기침을 억제하는 약효로 알려져 있다.
유럽에서는 우족과 사태를 끓인 국에 겨자를 넣어 먹으면 감기를 걸리지 않는다고 한다.
겨자의 매운 맛 성분인 알릴이소시아네이트는 강력한 항균 작용을 가지고 있으며, 생선과 함께 섭취하면 식중독을 예방하는 데 효과적이다.

함께 먹으면 좋아요

식욕 증진에

닭가슴살을 센불로 빠르게 볶고(소테) 겨자를 넣고 화이트와인 소스를 뿌린다.
겨자는 닭고기의 소화를 촉진하고, 매운 맛이 식욕을 증기시킨다.

닭고기

빈혈 예방에

유채를 삶아 겨자간장을 더해 먹는다. 베타카로틴과 철분이 풍부한 유채가 혈액을 보양하고, 겨자의 혈액순환 촉진효과가 더해져 빈혈을 예방한다.

유채

**주의
하세요**
분말 겨자는 먹기 직전에 넣는다
분말 겨자의 매운 맛 성분은 휘발성이므로, 먹기 직전에 미지근한 물에 섞으면 매콤함과 향기가 더 해진다.

독특한 향이 기를 순환시킨다

고수

약선 데이터

체질	기체
오성	온 · 오미 · 신
귀경	폐, 비장, 위

응용 포인트

초기 감기, 식욕 촉진에 도움이 된다.
열이 많은 사람은 피한다.
하루 사용량은 생것은 30g 이내가 적당하다.

고수는 위의 작용을 돕고 소화를 촉진하며, 스트레스를 해소하는 등의 효능이 있다. 독특한 향이 기의 순환을 개선하며, 약선에서도 자주 사용되는 식재료이다.
발한작용에 의해 발진을 개선하거나, 식중독을 막는 작용도 있다고 한다.
영양가가 높고 잎에는 베타카로틴과 비타민 C, 칼륨 등이 풍부하고 강력한 항산화 용이 있다.
노화 방지와 미용 효과도 기대할 수 있다.

- 고르는 법
  제철 : 5~7월
  신선한 고수는 싱싱하고 잎의 색은 선명한 녹색이다. 신선하고 향이 강한 것을 선택한다.

- 보관법
  잎을 건조시키면 향기가 손실되므로, 젖은 키친타올에 끼워 냉장고에 보관한다.
  냉동 보관도 가능하다.

함께 먹으면 좋아요

냉증 개선에

새우

고수와 새우를 볶아 소금이나 후추로 맛을 낸다. 모두 몸을 따뜻하게 하는 식재료로 냉증 개선이나 추위로 의한 감기에 추천할만한 식재료이다. 또한, 고수도 새우도 노화 방지 기능이 있다.

간 기능 향상에

쌀

강황

강황을 넣어 카레볶음밥을 만든다. 고수의 해독작용과 강황의 간 기능을 향상시키는 작용을 기대할 수 있다. 강황만 넣으면 그다지 맛이 없으므로 울금을 포함한 카레가루를 이용하면 좋다.

주의 하세요

피부병이 있는 사람은 주의한다
고수를 과식하면 피부 가려움이나 알레르기 증상이 나타나는 경우도 있으므로 많이 먹지 않도록 한다.

발한을 촉진하고, 비만을 방지한다

고추

예로부터 중국에서는 습기가 많은 지역에 사는 사람들은 몸에서 습기를 몰아내기 위해서 고추를 자주 먹었다고 한다.

약선에서는 몸속의 찬 기운을 없애고 식욕부진과 소화불량을 개선하며, 고혈당이나 비만 등의 예방에도 효과적인 재료로 사용된다.

매운 맛 성분인 캡사이신에는 발한작용 외에도 심장의 기능을 높이고 면역력을 증가시키는 등의 기능이 있어, 자양강장의 효과도 기대할 수 있다.

 약선 데이터

체질	양허, 기체, 어혈
오성	열
오미	신
귀경	심장, 비장

 응용 포인트

냉감복통, 구토, 냉감통증에 효과가 좋다.
열이 많은 사람의 기침, 눈병에는 사용을 금한다.
하루 사용량은 3g 이하가 적당하다.

• 고르는 법
생것도 건조품도 색이 선명하고 표면이 매끈하며, 윤기가 있는 것이 좋다.
주름이 있는 것은 맛도 풍미도 떨어진다.

• 보관법
생고추는 비닐봉지에 넣어 냉장고의 야채실에 보관한다.
건조품은 통풍이 잘되는 장소에 보관한다.

 함께 먹으면 좋아요

식욕 증진에

도마토

몸을 차게 하는 작용이 있는 토마토와 몸을 따뜻하게 하는 고추를 볶아 먹는다.
위의 작용을 높여 식욕이 살아나게 한다.

비만 예방에

두부

두부와 함께 먹는다. 열성인 고추가 두부의 몸을 식히는 특성을 완화시킨다.
저칼로리인 두부와 고추의 캡사이신으로 다이어트도 가능하다.

 주의 하세요

고혈압이나 갱년기증상이 있는 사람은 사용을 금한다
고혈압이나 열오름이 있는 경우 외에 전립선비대, 방광염, 치질, 변비가 있는 임산부도 먹지 않는 것이 좋다.

노화를 방지하는 항산화비타민이 풍부

들깨잎

우리나라 요리에 인기 있는 재료로 독특한 향을 가지고
있다. 민간약으로 감기로 의한 한기나 기침 등을 멈추는
데 사용된다.
베타 카로틴과 오메가-3 지방산이 풍부하다.
신체의 산화를 방지하고 면역력을 향상시키는 외에 안티
에이징에도 도움이 된다. 불고기 등을 싸서 먹거나 간장에
절여두면 언제나 먹을 수 있다.

 약선 데이터

체질	기체, 어혈		
오성	온	오미	신
귀경	폐, 비장		

 응용 포인트

기침과 코막힘을 낫게 하고 가래를 삭히는 효
능이 있다.
생선과 게의 독을 해독하고 이뇨작용이 있으
며, 천식을 가라앉히고 위장 기능을 강화시키
는 효능이 있다.

- **고르는 법**
  제철 : 6~8월
  잎이 선명한 녹색을 띠고 윤이 나고 싱싱하며, 표
  면이 팽팽한 것을 선택한다.

- **보관법**
  젖은 키친타올에 끼워 밀폐용기에 넣어 냉장고
  에 보관한다..

 함께 먹으면 좋아요

혈전 예방에

 돼지고기   소고기

육류와 오메가-3계 지방산을 포함한 들깨잎을 함께
먹으면 지질대사를 좋게 하여 동맥경화나 생활습관
병을 예방할 수 있다.

초기 감기에

시나몬   생강   파

따뜻한 국물이 몸을 따뜻하게 하여, 감기 증상
을 완화시킨다.

 **주의
하세요**

끓일 때는 조금만 가열한다
많이 가열하면 약효성분이 휘발하기 때문에 너무 오래 끓이지 않는다.

생활습관병의 예방과 개선에

마늘

마늘은 내장의 기능을 활성화시키고 몸을 따뜻하게 하는 성질이 있다. 약선에서는 부종의 개선이나 감기예방, 해독의 효과가 있는 식재료로 사용된다.

독특한 냄새를 가진 알리신은 강력한 살균 작용을 가지고 있으며, 피로회복에서 뇌활성화까지 폭넓게 도움이 된다.

혈액의 흐름을 개선하며, 동맥경화 예방이나 혈당치의 개선 등 생활습관병 예방 효과도 기대할 수 있다.

약선 데이터

체질	양허
오성	온 **오미** 신
귀경	비장, 위, 폐, 대장

응용 포인트

소화기능 저하, 전신 냉증에 효과가 좋다.
열이 많은 사람은 피한다.
마늘의 강한 향이 비린내를 없애고 음식의 맛을 좋게 하며, 식욕 증진시키는 효과도 있다.
과용에 주의한다.

•고르는 법
　제철 : 6~7월
　통통하고 크며, 알이 딱딱하고, 견고하게 붙은 것을 선택한다. 껍질에 윤기가 있고 황색으로 변색되어 있지 않은 것을 고른다.

•보관법
　종이봉지에 넣어 통풍이 잘되는 장소에서 상온보존 또는 망에 넣어 매달아도 좋다.
　단, 여름철에는 냉장고에서 보관하는 것이 좋다.

함께 먹으면 좋아요

피로 회복에

돼지고기

돼지고기에 마늘을 넣고 볶음요리를 만든다. 마늘에 함유된 유효성분인 알리신은 돼지고기에 풍부하게 함유된 비타민 B1의 흡수를 높여 피로회복에 도움이 된다.

간 기능 향상에

문어

함께 볶아서 먹으면 문어에 함유된 타우린이 간기능을 향상시키고, 마늘과 문어로 소화흡수를 촉진한다.

주의 하세요

꿀과 조합하지 않는다
약선에서는 옛날부터, 마늘은 꿀의 영양성분을 파괴한다 하여 조합하지 않는다고 한다. 또 음허체질인 사람은 섭취를 피한다.

약방식재료
약초·향신료
육식류
채소류·버섯류
과실류
수산류
곡류·유제품
조미료·향료

몸을 따뜻하여, 만성적인 냉기를 해소한다

생강

약선 데이터

체질	양허, 기체, 수독		
오성	온	오미	신
귀경	비장, 위, 폐		

생강은 영양가는 낮지만 매운맛을 내는 쇼가올이라는 성분은 몸을 따뜻한 효능이 뛰어나다.
몸을 따뜻하게 하고 열을 나게 하여, 발한을 촉진한다. 추위로 인한 감기의 한기나 뼈마디가 아픈 통증에 잘 듣고, 해열 작용도 기대할 수 있다.
건조시킨 생강은 건강(乾薑)이라 하며, 혈액순환을 개선하고 몸속에서부터 서서히 따뜻하게 하는 작용이 있어, 위장이 약한 사람이나 만성적인 냉증이 있는 사람에 좋다.

응용 포인트

냉강복통, 구토, 설사에 효과가 좋다.
생강을 말린 건강(乾薑)은 열성이 생강보다 매우 강하므로 사용량에 주의한다.

•고르는 법
제철 : 8~11월
껍질에 상처가 없고 윤기가 있고 두껍고 통통한 것을 고른다. 잘린 부위가 진한 노란색이면 향기, 매운 맛이 강하다.

•보관법
키친타올에 싸서 냉암소에서 보관하며, 여름은 냉장고에 보관한다. 냉동할 때는 잘게 갈아서 랩에 싸서 냉동보관한다.

함께 먹으면 좋아요

식중독 예방에

고등어

생강을 넣고 졸여서 먹으며, 양념은 간장이나 된장 어느 것도 가능하다. 강력한 살균력을 가진 생강이 비린내를 없애는 작용을 하며, 특히 고등어같은 등푸른생선과 함께 사용하면 식중독을 예방할 수 있다.

위장이 좋지 않을 때

쌀

대추

차가운 것을 많이 먹어서 위장의 작용이 저하되었을 때 얇게 썬 생강과 대추가 들어간 죽을 먹으면 좋다. 생강이 약한 위를 따뜻하게 하고 쌀과 대추가 위를 건강하게 만든다.

주의 하세요

생강은 발한작용으로 일시적으로 열을 내린다
생강은 체온을 단번에 올려서, 발한 작용으로 땀구멍을 열어 일시적으로 열을 낮춘다. 감기로 열이 많이 날 때, 특히 가을이나 겨울에 감기 걸렸을 때 추천한다.

냉증을 제거하고, 오장을 활성화한다

시나몬

시나몬은 식용이며, 애플파이 등의 과자 맛에 빠뜨릴 수 없는 향신료이다. 한약재로 다양하게 처방되는 육계(肉桂)와는 서로 다른 종이다.
계피알데히드라는 성분이 말초혈관을 확장하여 손발의 끝까지 혈액을 순환시킨다.
몸을 따뜻하게 하는 작용은 생강보다 강하다.
내장의 기능을 활발하게 하는 외에 마음을 진정시키거나 스태미나를 높이는 등의 효과도 있다.

약선 데이터

체질	양허, 수독
오성	열 · 오미 · 신, 감
귀경	폐, 신장, 비장, 간, 신장, 방광

응용 포인트

몸을 따뜻하게 하는 효능이 강하며, 소화촉진, 스트레스 해소에도 도움이 된다.
폭식의 부작용 감소, 다이어트 효과도 기대할 수 있다.

• 고르는 법
   향기가 농후한 것이 좋다.
   노목의 껍질을 사용하는 베트남산이 품질이 좋다.

• 보관법
   분말·스틱 모두 습기를 싫어하기 때문에 밀폐용기에 넣어 햇빛이 닿지 않는 곳에 보관한다.

함께 먹으면 좋아요

생리통 완화에

산사자

흑설탕과 말린 생강을 넣고 10분 정도 끓인다.
어혈을 제거하고 혈액의 순환을 활발하게 하며, 복부를 따뜻하게 하고 생리통을 완화한다.

피로 회복에

고구마

설탕을 넣고 끓인 고구마에 시나몬 가루를 뿌린다.
시나몬이 고구마의 비장을 보하는 작용을 도와 몸에 건강하게 한다.

주의 하세요

열이 오르는 체질은 사용을 삼가한다
시나몬은 따뜻한 성질이 강하기 때문에 얼굴에 열이 올라 붉고, 몸에 열이 많으며, 고혈압인 사람은 먹지 않는 것이 좋다.

한방식재료
허브·향신료
양식류
채소류·버섯류
과실류
수산류
곡류·콩제품
조미료·향료

향기 성분이 식욕과 소화를 촉진한다

양하

 약선 데이터

체질	양허, 어혈		
오성	온	오미	신
귀경	폐, 대장, 방광		

응용 포인트

냉감 복통, 소화기능 저하에 도움이 된다.
따뜻한 성질이 소화를 도와 식욕을 증진하는
효능이 있다.
구취나 열이 많은 사람은 피한다.

혈행을 좋게 하여 발한을 촉진하며, 식욕증진이나 소화를
돕는 효능이 있다. 찬 것을 많이 먹었을 때 생기는 위장의
이상을 개선하는 데 도움이 된다. 약선에서는 생리불순이
나 생리통에도 좋은 재료로 여긴다.
또 해독작용이 뛰어나며, 감기나 구내염 예방에도 효과
가 있다.
체내의 염분을 배출하는 칼륨이 많이 포함되어 있어서, 고
혈압 예방에도 도움이 된다.

• 고르는 법
　조금 부풀고 둥그스름한 것이 좋다.
　표면에 윤기가 있고 상처가 없는 것을 선택한다.

• 보관법
　마르면 향기가 날아가기 때문에, 젖은 키친타올
　로 싸서 냉장고에 냉장보관한다.
　냉동보존도 가능하다.

 함께 먹으면 좋아요

생리통 완화에

달걀

몸이 차가워서 생긴 생리불순이나 생리통에는 계란탕에 넣어 먹는 것
을 권장한다. 양하의 혈행을 촉진하는 작용과 달걀의 혈액을 만드는 작
용으로 생리통을 개선할 수 있다.

조바심이 생길 때

무

살짝 절여서 먹는다. 무에 들어 있는 소화효소 아밀라아제가 소화를 촉
진하고 위의 상태를 조절한다.
무의 몸을 차게 하는 작용을 양하가 억제한다.

주의
하세요

끓일 때 쇠로 된 용기를 사용하지 않는다
양하의 성분이 철과 반응하여 영양가가 떨어지고 색도 변색되기 쉬우므로 요리할 때 쇠용
기는 사용하지 않는다.

혈행을 개선하며, 몸을 따뜻하게 한다

강황

약선 데이터
체질	어혈, 기체, 수독
오성	온 / **오미** 신, 고
귀경	비장, 간

강황은 따뜻한 성질을 가지며, 어혈을 부수어 혈액의 순환을 촉진하는 작용이 있다.
따라서 냉증으로 인한 혈행 불량이나 어깨결림, 관절통, 복통이나 요통 등의 통증을 완화시킨다.
생리불순이나 생리통에도 효과가 있다.
카레의 색과 풍미를 내는 재료이며, 강황에 포함된 커큐민은 숙취를 개선하는 효과가 있는 것으로 유명하다.
강황은 같은 식물의 뿌리줄기이며, 이와 비슷한 울금은 덩이뿌리를 가리킨다.

응용 포인트

어혈을 풀어주는 효능이 있어서 월경통, 월경부조, 스트레스 해소에 효과가 좋다.
하루 사용량 12g 이하가 적당하다.
임산부는 피한다.

• 고르는 법
  생강황과 분말로 된 강황은 약효가 거의 같기 때문에 사용하기 쉬운 쪽을 선택해서 사용하면 된다.

• 보관법
  적당한 습기가 있는 흙속에 보존하거나 건조로 인해 약효가 떨어지는 것을 방지하기 위해 냉동 보존해도 좋다.
  분말은 고온다습을 피하고, 냉암소에 보존한다.

함께 먹으면 좋아요

혈전 예방에
샐러리 / 양파

어혈을 제거하는 강황과 혈액을 정화하는 양파로, 샐러리로 샐러드를 만든다.
혈전증을 예방하는 좋은 궁합이다

혈액의 흐름을 원활하게
돼지고기 / 청경채

혈액의 순환을 돕는 청경채와 혈액을 보충하는 돼지고기를 볶아, 강황이 들어있는 카레가루로 맛을 낸다.
혈액순환 개선뿐 아니라 혈전 예방에도 도움이 된다

주의 하세요
임산부는 사용을 금한다
카레의 부작용 중에 자궁 수축작용이 있다는 연구결과가 있으므로, 임산부나 수유부는 섭취하지 않는 것이 좋다.

소화를 돕고 위장의 부조화를 개선한다

커민

약선 데이터

체질	기체, 양허		
오성	온	오미	신, 감
귀경	간, 심장, 비장		

응용 포인트

향신료 사용되며, 혈중 콜레스테롤 수치를 낮추는 효과도 기대할 수 있다.
식중독을 비롯해 음식으로부터 발생하는 질병을 예방할 수도 있다.

카레에 빼놓을 수 없는 향신료이다. 다양한 믹스 향신료로 이용되며, 세계 각국에서 사용되고 있다.

오랜 역사를 지니며, 이집트에서는 미라의 방부제, 진통제, 위장약으로 사용되었다는 기록이 남아 있다.

중국에서 양꼬치 먹을 때 들어있는 작고 길쭉한 씨앗 향료가 이것이다.

소화를 돕고, 복통이나 위통, 설사 등에 효능이 있으며, 장내 가스의 배출, 간 기능의 향상도 기대할 수 있다.

• 고르는 법
성숙한 종자를 건조시킨 것, 입자가 고르고 향이 많은 것을 고른다.
분말도 있으며, 향이 좋은 분말을 추천한다.

• 보관법
상온에서 장기 보관이 가능하다. 식사광선, 고온다습함을 피한다.
개봉 후에는 밀폐용기에 넣어 냉암소에 보관한다.

함께 먹으면 좋아요

피로 회복에

소화가 잘 안되는 소고기와 소화불량을 방지하는 작용이 있는 커민을 함께 먹는다. 소고기의 기를 보양하는 효과를 높여 피로 회복이나 체력향상에 도움이 된다.

소고기

위장의 상태가 좋지 않을 때

양고기를 볶은 커민으로 맛을 낸다. 양고기의 몸을 따뜻하게 하는 효능과 커민의 소화를 돕는 작용이 더해져서, 위장의 상태가 좋지 않지만 고기를 먹고 싶을 때 좋다.

양고기

주의 하세요

캐러웨이와 혼동하지 않는다
향신료로 많이 사용하는 외형이 비슷한 캐러웨이(caraway)와 자주 혼동되지만, 성질·약효가 다르므로 주의한다.

위를 따뜻하게 하고, 기를 순환시킨다

회향

 약선 데이터

체질	기체, 양허
오성	온
오미	신
귀경	비장, 위, 폐

달콤한 향기와 독특한 쓴 맛을 가진 회향은 예부터 사용된 허브이다.

육류를 요리할 때 냄새를 제거하는데 사용되거나 화장품이나 의약품 등에도 활용된다.

중국이나 일본에서는 소회향(小茴香)이라 불리며, 종자는 한방약으로도 사용되고 있다.

냉기를 없애고 위장의 상태를 조절한다.

기의 순환을 원활하게 하는 기능이 있으며, 복부의 냉기를 제거하여 통증을 완화시킨다.

 응용 포인트

몸을 따뜻하게 하며, 기운을 순환시키고 소화를 잘되게 하는 효능이 있다.

차가워진 몸을 따뜻하게 하고, 복부의 냉통, 허리 통증, 위통, 구토 등을 치료한다.

- **고르는 법**
  대부분 건조품을 사용한다.
  향기가 날아가지 않게 제대로 포장되어 있는 것을 선택한다.

- **보관법**
  밀봉이 가능한 용기나 봉지에 넣어 직사광선이나 고온다습을 피하여 상온에서 보존하는 것이 기본이다.

 함께 먹으면 좋아요

자양강장에

소고기

소고기, 특히 다진 고기와 궁합이 잘 맞다.
소고기의 냄새를 없애고 소화를 촉진한다. 구울 때 회향을 추가하며, 기분이 없을 때 먹으면 효과가 좋다.

노화 방지에

굴

심장과 간의 기능을 돋우어주는 타우린이 풍부하다.
콩팥의 기능을 향상시키는 굴과 회향을 함께 볶아 먹으면 노화 방지에 도움이 된다.

 주의 하세요

임신 중에는 먹지 않는다
따뜻한 성질이 강한 허브이기 때문에 열이 오르는 체질의 임산부에게는 적합하지 않다.
또 너무 오래 가열하면 약효가 약해진다.

소화를 촉진하고, 노화를 방지한다

후추

후추는 익지 않은 열매를 건조한 것으로 강한 풍미와 향이 특징이다.

완전히 익은 열매를 물에 담가 껍질을 벗긴 백후추는 매운 맛이 강하며, 음식 요리에 많이 사용된다.

위가 차가울 때 생기는 메스꺼움이나 설사와 같은 추위 관련 증상을 완화하는 데 도움이 된다.

또한, 소화와 혈액 순환을 촉진하고 뇌를 활성화시키는 효능도 있다.

약선 데이터

체질	양허, 기체		
오성	열	**오미**	신
귀경	위, 대장		

응용 포인트

냉감 복통, 구토, 식욕부진에 효과가 좋다.
열이 많은 사람은 과용에 주의한다.
하루 사용량은 3g 이하가 적당하다.

• 고르는 법
　향과 매운 맛이 확실한 것을 고른다.
　향이 날아가기 쉽기 때문에 필요에 따라서는 사용 직전에 분쇄하여 사용한다.

• 보관법
　열에 약하기 때문에 조리용 열기구 옆에 두면 향이 날아간다.
　입자는 냉암소에, 분말은 냉장고에 보관하는 것이 좋다.

함께 먹으면 좋아요

식욕 부진에

양배추

양배추는 소화력을 높이기 때문에 배를 따뜻하게 하는 후추와 잘 어울린다. 함께 볶으면 매운 향신료의 향기가 위를 자극하여 식욕을 증진시킨다.

복부 팽만감에

고구마

복부 팽창을 방지하기 위해 삶은 고구마에 소금과 후추를 뿌린다. 후추는 장내의 가스 발생을 억제하는 효과가 있어, 고구마를 먹은 후 자주 발생하는 방귀를 억제한다.

주의 하세요

과식하면 위통을 유발할 수 있다
후추의 과다 섭취는 위나 장의 점막을 자극하여, 기능을 마비시킬 수 있으므로 주의해야 한다.

04
PART

양식류

양식류는?

-양식류는 약선의 중심이 되는 식재료-

양식류에는 곡류, 두류 및 서류가 있으며, 이들은 한방 요리에서 핵심적인 재료이다. 특히, 곡류 중에서 쌀·보리·조·콩·기장을 오곡이라 하며, 오장의 기운을 더해주는 중요한 식재료로 사용한다.

주식이라 할 수 있는 쌀은 성질이 평하다. 그래서 몸을 따뜻하게도 하지 않고 차게도 하지 않아서 누구나 먹어도 좋다. 그러나 다른 곡물과 콩류는 각각의 성질에 따라 효능이 다르다. 자신의 체질과 상태에 따라 쌀과 조합하여 섭취하는 것이 좋다.

곡류 및 두류의 큰 특징 중 하나는 위와 비장의 기능을 도와서 영양소를 전신으로 운반하고 소화흡수를 촉진하는 효능을 가진 식재료가 많다는 것이다. 또한, 오미 중 단맛을 가지고 있다는 것도 특징 중 하나이다.

서류는 고구마, 감자, 마 등을 말하며 다량의 전분과 다당류를 포함하고 있어 열량원이 되기 때문에 주식 대용이나 구황작물로 사용된다.

두류는 비교적 양질의 단백질과 지방을 풍부하게 함유하고 있고, 특히 곡류에 부족하기 쉬운 필수아미노산인 라이신을 많이 함유하고 있다.

원기와 에너지의 원천

쌀

활동의 에너지원이 되는 탄수화물을 풍부하게 포함하여
기를 보충하는 식재료이다.

쌀의 주성분인 전분은 쌀겨를 제거한 정백미에는 약 77%,
현미에는 약 74% 정도가 된다.

위장을 튼튼하게 하고 소화흡수를 회복시키는 기능이 있
으며, 불안감을 완화시키는 작용도 있다.

현미는 정백미에 비해 비타민 B1과 식이섬유가 풍부하고
피로회복이나 변비 예방에도 효과가 있다.

약선 데이터

체질	기허

오성	평	오미	감

귀경	비장, 위, 폐

응용 포인트

병후식, 이유식에 좋은 식재료이다.

소화기능 저하, 식욕부진, 무기력에 도움이
된다.

열이 많은 사람은 건조한 누룽지나, 쪄서 건조
시킨 밥은 피한다.

• 고르는 법

　제철 : 8월 하순~11월
　정미한 쌀은 시간이 지남에 따라 산화되어 식미
　가 떨어지므로, 정미한 날짜를 확인하여 최근의
　것을 선택한다.

• 보관법

　산화와 건조를 막기 위해 일폐용기에 넣어 습기
　가 적은 냉암소에 보관한다.
　정기적으로 용기 청소를 한다.

함께 먹으면 좋아요

위장이 좋지 않을 때

닭고기

소화흡수를 촉진하는 쌀에 위장을 따뜻하게 하는 닭고기를 함께
넣어, 죽으로 만들어 먹으면 먹기가 쉽다.

자양 강장에

참깨

검정깨

기력이 떨어졌을 때, 밥에 참깨를 뿌려 먹는다.
참깨의 비타민 B1이 쌀의 탄수화물 대사를 높여 에너
지를 만들어 준다.

주의
하세요

현미는 알레르기가 있는 사람은 주의한다

현미를 먹으면, 드물게 위가 아프거나 알레르기가 생기는 사람도 있다. 체질에 맞지 않으
면 정백미를 섭취한다. 또한 위가 약한 사람이나 노인, 어린 아이는 주의한다.

한방식재료
허브향신료
약선류
채소류·버섯류
과실류
수산류
육류·유제품
조미료·향신

몸을 따뜻하게 하고, 만성피로를 개선한다

찹쌀

기운을 나게 하는 식재료로 옛날부터 체력회복과 모유를 잘 나오게 하는데 이용해 왔다.
영양성분은 쌀과 거의 같지만, 전분질의 아밀로펙틴라고 하는 끈적한 성분이 많기 때문에 열을 가하면 강한 찰기가 생기는 것이 특징이다.
비장의 작용을 높이고 위장을 따뜻하게 하는 효과가 있기 때문에 만성피로감 개선에 좋다.
냉증이나 냉증으로 인한 설사에도 효과가 있다.

 약선 데이터

체질	기허			
오성	온		오미	감
귀경	비장, 위, 폐			

 응용 포인트

이유식에 좋은 식재료이다.
소화기능을 튼튼하게 하여 기운이 약할 때나 식은땀을 흘릴 때 좋다.
냉감 복통, 만성설사, 위통에 도움이 된다.
하루 사용량은 60g 정도가 적당하다.

- 고르는 법
  제철 : 8월 하순~11월
  정미한 날짜를 확인하여, 가능하면 신선한 것을 선택한다.

- 보관법
  직사광선을 피하여, 서늘한 장소에서 보관한다.
  벌레 방지대책으로, 보관용기에 붉은 고추를 2~3개 넣으면 효과적이다.

 함께 먹으면 좋아요

피로 회복에

마

체력을 길러주는 찹쌀과 기를 보양하고 소화를 돕는 마로 찹쌀밥을 만든다. 물의 분량은 멥쌀로 밥할 때의 70~80%로 하면 질지 않고 몽실몽실한 밥을 지을 수 있다.

위장이 좋지 않을 때

무

찹쌀 죽에 무를 넣어 밥을 짓는다.
찹쌀과 무 모두 위장의 작용을 돕는 효과가 있다.

 주의하세요

어린이나 노인은 먹는 양에 주의한다
찹쌀은 찰기가 많기 때문에 소화흡수가 느린 식재료이다.
특히 어린 아이나 노인은 과식하지 않도록 한다.

노화를 방지하는 성분이 풍부하다

흑미

약선에서 검은색 재료는 신장을 돕고 노화를 억제하는 효능이 있다고 알려져 있다.

흑미의 검은 색은 안토시아닌이라는 천연색소이다. 비타민 E도 많이 함유하며, 둘 다 노화를 방지하는 성분이다.

또, 위장을 튼튼하게 하고 체력과 기력 저하를 개선하며, 혈행을 좋게 하는 효과가 있다고 한다.

기운이 없는 사람, 빈혈이 있는 사람 등에 추천할만한 식재료이다.

약선 데이터

체질	기허, 혈허
오성	온	오미	감
귀경	비장, 신장

응용 포인트

병후식에 좋은 식재료이다.

흑미의 안토시아닌 성분은 심혈관 질환 예방, 활성화 산소로 인해 발생할 수 있는 암 발병 확률의 감소, 뇌 기능 향상, 염증 감소 등의 효과가 있다.

• 고르는 법
  제철 : 10~12월
  유통기한을 확인한 후, 가능하면 최근의 것을 선택한다.

• 보관법
  직사광선이나 고온다습한 곳을 피하고 밀폐용기에 넣어 보관한다.
  개봉 후에는 냉장고에 보관하고 가능한 한 빨리 먹는다.

함께 먹으면 좋아요

빈혈 예방에

백미에 흑미를 섞고 땅콩도 함께 넣어 죽을 만든다.
흑미의 혈행을 촉진하는 작용과 땅콩의 혈액을 보충하는 작용으로 빈혈을 예방하고 개선한다.

땅콩

자양강장에

흑미도 밤도 모두 자양강장효과가 있는 식재료이다.
흑미를 넣은 밤밥은 원기회복의 효과를 증가시킨다.

밤

주의 하세요

백미를 섞어 밥을 짓는다
흑미로만 밥을 지으면 먹기 어렵기 때문에, 백미에 20~50% 정도의 흑미를 섞어서 밥을 지으면 좋다.

환병식재료
약념 향신료
약식류
채소류·버섯류
과실류
수산류
육류·유제품
조미료·음료

생활습관병 예방에 효과적

보리

약선 데이터

체질	수독, 양열
오성	량
오미	감, 함
귀경	비장, 위, 방광

보리는 옛날부터 위장의 기능을 높이고 소화를 촉진하는
식재료로 알려져 있다.
한방 생약으로는 외피가 붙은 것을 사용하며, 열을 없애는
약으로 이용되고 있다.
식재료로서 보리도 몸에 있는 열을 제거하는 성질이 있다.
장내의 불필요한 물질을 배출하여 변비를 개선하는 데 도
움이 되며, 여분의 지방 흡수를 억제하고, 혈액순환을 촉
진하는 작용이 있다.
또한 생활습관병 예방에도 유효하다.
보리의 어린 잎은 건강 야채로 주목받고 있다.

응용 포인트

식체, 설사, 소변배출에 도움이 된다.
볶은 보리는 열이 많은 사람은 피한다.
하루 사용량은 60g 이하가 적당하다.

• 고르는 법
    제철 : 6월 중순
    잘 건조되었으며, 곰팡이나 이물질 등이 혼합되
    어 있지 않는 것을 고른다.

• 보관법
    벌레가 생기기 쉬우므로 밀봉하여 통풍이 잘 되
    는 곳에, 직사광선을 피해 서늘한 곳에 보관하는
    것이 좋다.

함께 먹으면 좋아요

혈행 촉진에

마

보리밥 위에 마즙을 얹어 먹는다. 둘 다 소화흡수를 돕고 몸을 건강하
게 하는 작용이 있어, 상승효과를 발휘하여, 지친 몸을 회복시킨다.
피곤할 때 먹어도 좋으며, 기운을 나게 하는 조합이다.

빈혈 예방에

미역

보리와 미역을 함께 끓여 죽을 만든다. 둘 다 기가 치솟는 것을 내리는
작용이 있기 때문에, 장 속의 변을 아래로 배출하는 효과를 기대할 수
있다. 풍부한 식이섬유가 노폐물의 배출을 촉진시킨다.

주의
하세요

볶은 보리는 소화가 잘 안된다
보리는 볶으면 고소하고 맛이 나서 요리에도 사용하기 좋다. 하지만 소화효소가 줄어
서 소화가 잘 안된다.

정신을 안정시킨다

밀

외피를 포함한 전체가 생약으로 사용된다.

열을 낮추고 정신을 안정시키는 기능이 있어 불안, 불면, 우울증을 개선한다.

위장의 기능을 조절하기 때문에 식욕부진이나 설사가 날 때 사용해도 좋다.

정백하지 않는 것에는 식이섬유나 비타민 B1, B2, E 등의 영양 성분이 풍부하게 포함되어 있다.

정백한 후에 나오는 밀기울에는 이들이 포함되어 영양성분이 풍부하다.

약선 데이터

체질	기허
오성	량　　오미　　감
귀경	심장, 비장, 신장

응용 포인트

통밀은 불안감, 열감 해소에 도움이 된다.

간 기능 개선에도 효과가 기대된다.

열이 많은 사람은 밀가루는 피하는 것이 좋다.

하루 사용량은 100g 이하가 적당하다.

• 고르는 법

　제철 : 5~6월

　영양 성분이 풍부한 전립분 밀가루가 있는데, 이 것을 사용하면 좋다.

　유효기한을 확인한 후, 가능하면 신선한 것을 선택한다.

• 보관법

　밀폐 용기에 넣어, 직사광선이 없는 냉암소에서 보관한다.

함께 먹으면 좋아요

열오름 해소에

토마토

미정백 현맥을 토마토나 야채와 끓여 리조토를 만든다.

같은 차가운 성질의 토마토와 야채를 넣으면 열을 제거하는 효과가 더 향상된다.

기분이 처질 때

대추

밀가루로 만두피를 만들고, 대추를 싸서 찐다. 기와 혈액을 보양하기 때문에 정신을 안정시키고 스트레스로 인한 우울증을 방지한다.

주의 하세요

전립분 밀가루를 사용하는 것이 좋다

정백하면 영양성분을 포함하고 있는 외피와 배아가 제거되기 때문에 전립분을 사용하는 것이 좋다.

피로와 여름 더위 해소에

메밀

 약선 데이터

체질	기허, 기체
오성	량	오미	감
귀경	비장, 위, 대장

 응용 포인트

메밀은 '식탁 위 생약'이라 불릴 정도로 건강에 좋은 음식 중 하나이다.

식이섬유와 단백질 등 영양소가 풍부하게 들어 있다. 메밀의 코린 성분은 알코올 분해를 도와 숙취 해소에 좋다.

• 고르는 법

여름메밀 : 6월 중순~ 중순,

가을메밀 : 9월~11월 중순

메밀가루가 많은 든 것이 약효가 높다. 메밀가루를 요리에 사용하면 쉽게 약효를 얻을 수 있다.

• 보관법

생면이나 삶은 면은 냉장고에 보관한다.

건면은 건조제와 함께 밀폐 용기에 넣어 냉암소에 보관한다.

메밀은 몸에 있는 여분의 열을 제거하고, 머리로 오르는 기를 끌어내리는 작용이 있다.

메밀에 포함된 루틴이라는 성분이 혈압을 내리는 작용과 항산화 작용을 한다고 한다. 탄수화물의 대사를 촉진하는 비타민 B1과 아미노산이 균형있게 포함되어 있어 피로감이나 여름더위 예방에 좋다.

또한 위장의 기능을 회복시켜 활성화하거나, 정장작용이 있기 때문에 변비나 설사에도 효과가 있다.

 함께 먹으면 좋아요

스트레스 완화에

진피

스트레스가 있을 때는 몸에 열이 있는 경우가 많기 때문에, 메밀로 몸의 열을 내리고 장국물에 진피를 넣어 상쾌한 향으로 기분을 전환한다.

피로 회복에

흑설탕

메밀가루를 물로 반죽하여 메밀국수를 만든다.

흑설탕으로 단맛을 더하면, 피로를 날려버리는 따뜻한 디저트가 된다.

 주의 하세요

따뜻하게 조리한 메밀이 몸에 좋다

위장이 약한 사람은 따뜻하게 해서 먹는다.

메밀의 찬 성질이 위를 차게 하는 작용이 있으므로, 너무 많이 먹지 않도록 한다.

장의 상태를 조절한다

귀리

오트밀이나 그레놀라로 가공하여 먹는 곡물이다.
기를 보충하여 기력부족이나 위장 기능이 저하되었을 때
효과가 있다.
또한 수렴, 지혈작용도 있다. 식이섬유, 미네랄, 비타민 등
이 풍부하고, 그 중에서도 불용성식이섬유의 함유율이 높
은 것이 주목받고 있다.
장에 좋은 영향을 미치는 선옥균(善玉菌)을 키우는 것 외
에, 여분의 탄수화물이나 지질의 배출을 촉진한다.

 약선 데이터

체질	기허		
오성	평	오미	감
귀경	심장, 간, 신장		

 응용 포인트

단백질 함량이 높은 곡물 중 하나로 조금만 먹
어도 포만감을 느끼기 때문에, 다이어트 식사
대용으로 좋다.
소화를 촉진하고 변비에 도움이 된다.
하루 사용량은 30g 이하가 적당하다.

• **고르는 법**
제철 : 6월
유통기한을 확인하여 가능하면 신선한 것을 선
택한다.

• **보관법**
밀폐 용기에 넣어 직사광선 및 습기를 피하는 냉
암소에 보관한다.

 함께 먹으면 좋아요

소화 기능 조절에

 달걀 / 파

오트밀을 물로 끓여서, 된장과 계란을 풀고 실파와 참나물을 잘
게 썰어 뿌려준다. 에너지를 보충하고 기를 순환시키는 효과가
있다. 쉽게 조리할 수 있어서 추울 때의 아침 식사로 적합하다.

변비 해소에

 종실류 / 버터

밀가루에 정제되지 않은 설탕을 넣어 쿠키를 만든다. 식이섬
유와 버터, 종실의 기름성분이 풍부하여 변비 해소에 효과가
있다. 오트밀은 전자렌지에 1~2분 정도 가열하고 완성.

 **주의
하세요**

너무 많이 먹지 않는다
귀리는 섬유질이 많아 너무 많이 먹으면 배가 더부룩해지거나 설사 등의 부작용이 있을
수 있다. 또 통풍 위험을 높일 수도 있다.

부종이나 변비를 개선한다

옥수수

옥수수는 위의 기능을 향상시키고, 여분의 수분을 제거하는 효과가 뛰어나다.

탄수화물을 비롯하여 단백질, 식이섬유, 다양한 미네랄 등을 균형 있게 포함하고 있어, 많은 나라에서 주식으로 섭취한다.

옥수수 알갱이의 겉껍질에 포함된 섬유소인 셀룰로스는 변비 예방 효과와 해독 작용이 있다. 또한, 혈액 순환이 원활해지는 효과가 있는 리놀산도 풍부하게 함유되어 있다.

 약선 데이터

체질	수독, 기체
오성	평
귀경	대장, 위

오미 감

 응용 포인트

옥수수는 비타민, 미네랄 등 영양분이 풍부한 여름철 대표 간식으로 훌륭한 다이어트 식품이다.

식이섬유가 많이 들어있어 오랫동안 소화되기 때문에 포만감이 오래 지속된다.

• 고르는 법

제철 : 6~9월

껍질이 붙어있고 짙은 녹색인 것을 선택한다.
수염은 하나하나의 알과 연결되어 있기 때문에, 수염이 많을수록 알이 많다.

• 보관법

신선도가 떨어지기 쉬우므로 구입하면 즉시 끓인 후, 비닐랩으로 포장하여 냉장 또는 냉동 보관한다.

 함께 먹으면 좋아요

식욕 증진에

돼지고기

식욕 부진을 해소시키는 옥수수와 체력 회복에 도움이 되는 비타민 B1이 많이 포함된 돼지고기로 수프를 만든다.
스페어립이라면 뼈의 영양소도 섭취할 수 있어 더욱 효과적이다.

피로 회복에

감자

옥수수와 감자로 볶음요리를 만든다.
옥수수는 위를 활성화시키고, 감자는 기운을 올려 피로를 회복시켜준다.

주의
하세요

위가 약한 사람은 과식하지 않도록 주의한다

식이섬유 함유량이 많기 때문에 소화가 어려울 수 있으므로, 어린이, 노인, 위가 약한 사람은 과식하지 않도록 주의한다.

붓기를 개선하고, 비만을 예방한다

좁쌀

비장과 신장의 기능을 돕고 수분대사를 조절하며, 몸속의 여분의 열을 없애는 효능이 있다.

위가 메슥거려 토하고 싶을 때나 붓기가 있을 때에 추천 할만한 재료이다.

찰기가 있는 차좁쌀과 은근한 식감이 있는 메좁쌀이 있으며, 모두 영양가가 높고 식이섬유나 미네랄을 풍부하게 포함하고 있다. 동맥경화 예방이나 비만 예방에도 유효하다고 알려져 있다.

한방식재료

외래 한방식료

약선부

채소 및 버섯류

과실류

수산류

곡류 및 기타

조미료 음료

 약선 데이터

체질	기허, 수독
오성	량	오미	감, 함
귀경	폐, 위, 대장

 응용 포인트

병후식으로 좋은 식재료이다.

단백질과 지방 함량이 높고 비타민과 미네랄이 풍부하게 함유되어 있어, 각종 성인병과 다이어트에 도움이 된다.

소화 흡수가 잘된다.

- 고르는 법

  제철 : 9월 하순~10월 중순

  생산된 국가에 따라 영양성분과 맛이 다르며 농약 문제도 있으므로, 가능하면 국내산을 선택하는 편이 안심이다.

- 보관법

  밀폐 용기에 넣어, 직사광선을 피하고 서늘한 장소에서 보관한다.

 함께 먹으면 좋아요

체력 회복에

쌀   고구마

쌀에 좁쌀과 고구마를 섞어서 밥을 짓는다.

좁쌀도 고구마도 모두 기를 보충하고 원기를 높이는 식재료이다.

빈혈 예방에

대추

철분이 많은 좁쌀과 기혈을 보충하는 대추의 조합이다.

좁쌀과 대추를 함께 끓여 마지막에 꿀을 넣어 팥죽처럼 디저트를 만들어 먹는다.

 주의 하세요

몸이 찬 사람은 적당량을 섭취한다

차가운 성질이기 때문에 몸이 찬 사람은 소화와 위기능에 지장을 줄 수 있으므로 너무 많은 양을 섭취하지 않는다.

사마귀 등의 피부 트러블을 해결한다

율무

 약선 데이터

체질	수독, 양열, 기허	
오성	량	오미 감, 담
귀경	폐, 비장, 신장	

 응용 포인트

붓기 제거, 소변 배출에 도움이 된다.
몸이 건조한 사람, 임산부는 피한다.
하루 사용량은 30g 이하가 적당하다.

한방에서는 예로부터 껍질을 벗긴 율무를 의이인(薏苡仁)이라 하며, 사마귀를 제거하는 생약으로 사용해 왔다. 비장의 작용을 돕고 수분대사를 촉진하는 효능이 있어, 소변을 잘 나오게 하고 붓기를 해소하는 효과를 기대할 수 있다.
체내의 노폐물도 배출하므로 해독작용 외에 위장을 조절하여 변비나 설사를 해소하거나 거친 피부나 기미, 주근깨에도 효과가 있다.

- 고르는 법
  제철 : 10월
  유통기한을 확인한 후, 가능한 한 신선한 것을 선택한다.

  - 보관법
  밀폐 용기에 넣고 냉암소에 보관한다.
  냄새나 습기를 흡착하기 때문에, 냉장고에 보관하는 것은 피하는 것이 좋다.

 함께 먹으면 좋아요

부종 해소에

 생강
동과

이뇨작용이 있는 율무와 동과를 닭뼈육수와 함께 끓여 수프를 만든다. 붓기를 제거하는 효능이 있다. 둘 다 몸을 차게 하는 식재료이므로 생강을 더해 몸이 너무 차가워지지 않게 한다.

피부 미용에

 보리

살짝 볶은 율무와 보리를 끓여 율무차로 마신다.
오래 먹으면 사마귀 등의 피부트러블을 해소하는 효과를 기대할 수 있다.

 주의
하세요

임신 중에는 삼가한다
이뇨작용이 강하기 때문에 임산부는 복용을 금지한다.

위장의 기능을 조절한다

기장

기장은 몸에 순하게 작용하며, 기와 음을 보하여 위장의 기능을 조절한다. 소화가 잘되게 하는 식재료이다.

허약 체질로 인한 설사, 오심 등을 개선하는 데 사용한다. 탄수화물이나 지질의 대사과 관련된 비타민 B군의 대부분을 함유하고 있어서, 대사를 촉진하는 작용도 기대된다.

 약선 데이터

체질	기허, 음허		
오성	평	오미	감
귀경	비장, 위, 대장		

 응용 포인트

이유식에 좋은 식재료이다.
항산화 성분인 플라보노이드가 풍부하게 들어 있다. 노화 방지 및 피부 미용에 도움.

•**고르는 법**
제철 : 9~10월
유통기한을 확인하여, 가능하면 최근의 것을 고른다.

•**보관법**
밀폐용이게 넣어 보관한다. 고온다습, 직사광선은 피하여 냉암소에 보관한다.

설사를 멎게 한다

수수

수수는 크게 메수수와 찰수수로 분류되는데, 찰수수는 밥에 섞어 먹거나 떡을 만들고, 메수수는 사료나 양조용 곡물로 쓰인다.

설사를 멈추게 하는 효능이 있다. 또 풍부하게 함유된 탄닌의 작용으로 변비가 생기기 쉬우므로 과식하지 않도록 주의한다.

 약선 데이터

체질	기허, 양허		
오성	온	오미	감, 삽
귀경	비장, 위, 폐		

 응용 포인트

식이섬유가 풍부하기 때문에 소화에 도움을 주며, 항산화 성분으로 인해 피부 건강에도 도움이 된다

•**고르는 법**
제철 : 9~10월
유통기한을 확인하여, 가능하면 최근의 것을 고른다.

•**보관법**
밀폐용이게 넣어 보관한다. 고온다습, 직사광선을 피하여 냉암소에 보관한다.

한방식재료

허브향신료

약선류

채소류·버섯류

과실류

수산류

서류·유제품

조미료·기타

소화불량과 위의 통증 개선에

감자

비장과 위의 기능을 높이고 소화기를 튼튼하게 하여 원기를 보충하는 작용이 있다.
비타민 C가 풍부하기 때문에 감기 예방, 스트레스 완화, 동맥경화 예방 등의 작용이 있다.
비타민 C는 열에 약한 영양소이지만, 감자의 비타민 C는 열에 강한 특징을 갖고 있다.
또한, 과다한 나트륨 배출을 촉진하는 칼륨도 풍부하며, 신장 기능을 개선하고 혈압을 낮추는 효과도 기대할 수 있다.

 약선 데이터

체질	기허		
오성	평	오미	감
귀경	위, 대장		

 응용 포인트

이유식에 좋은 식재료이다.
허약해진 위의 기능을 강화하는 대표적인 식품 중 하나다. 과거부터 소화불량은 물론 위염과 위궤양에 좋은 음식으로 알려져 있다. 위통, 습진, 화상에 도움이 된다.

• 고르는 법
제철 : 5~7월
부드럽고 둥글며 표면이 매끄럽고 덜 울퉁불퉁한 것을 선택한다.
껍질이 얇고 표면 색이 균일하며, 주름이 적은 것이 좋다.

• 보관법
햇빛에 노출되면 발아하므로, 키친타올로 싸서 골판지 상자나 바구니 등에 넣어 냉암소에 보관.

 함께 먹으면 좋아요

위장 상태가 좋을 않을 때

양파

감자 샐러드를 만든다.
위장을 튼튼하게 하는 감자와 소화를 촉진하는 양파를 함께 사용하여 소화기의 기능을 높인다.

고혈압 예방에

샐러리

감자와 샐러리를 함께 넣어 수프를 만든다.
감자와 샐러리 모두 칼륨 성분이 풍부하기 때문에, 이뇨 작용을 통해 혈압을 낮추는 효과를 기대할 수 있다.

주의
하세요

싹이나 녹색 껍질은 제거한다
감자 싹이나 녹색으로 변한 껍질에는 솔라닌이라는 독소가 있어서 잘못 먹으면 식중독을 일으킬 수 있다. 깨끗이 제거하고 먹는다.

변비나 고혈압이 있을 때

고구마

고구마는 위장을 튼튼하게 하는 작용이 있다.
식이섬유가 풍부하여, 변비 개선에 효과적인 식재료이다.
성질이 평하여 몸을 차게 하거나 따뜻하게 하지 않아서,
다양한 체질의 사람에게 적합하다.
비타민 C가 풍부하며, 피부미용과 감기 예방에도 효과
가 있다.
칼륨이 풍부하여 나트륨의 대사를 좋게 하는 작용도 있어,
고혈압이 있는 사람들에게도 추천한다.

약선 데이터

체질	기허, 음허
오성	평
오미	감
귀경	비장, 신장

응용 포인트

이유식에 좋은 식재료이다.
비장과 위를 튼튼하게 하고 혈액순환을 원활
하게 하는 효능이 있다. 혈액을 맑게 하고 피
부가 거칠어지는 것을 막아주며, 배변도 잘되
게 하여 피부 미용에도 좋다.

• 고르는 법
　제철 : 9~11월
　굵고 둥글고 무게감이 있는 것을 고른다.
　껍질의 색깔이 선명하고 표면이 울퉁불퉁하지 않
　고, 잔뿌리가 없는 것을 선택한다.

• 보관법
　추위에 약하기 때문에 표면을 잘 말려서 키친타
　올에 포장한 후, 골판지 상자 등에 넣어 실온에
　서 보관한다.

함께 먹으면 좋아요

위의 상태가 좋지 않을 때

쌀

쌀과 함께 고구마 죽을 만든다.
고구마와 쌀은 소화기능을 개선하고 원기를 보충하는 식재료이다.
식욕이 없을 때 먹으면 소화가 잘되며, 먹기에도 좋다.

변비 해소에

무

삶은 고구마와 간 무를 단식초로 양념한다.
고구마의 식이섬유가 변비를 해소하고, 무가 소화를 도와서 속쓰림
을 완화시킨다.

주의
하세요

비만인 사람은 적당량을 섭취한다
고구마에는 식욕을 자극하는 성분이 함유되어 있어서, 체중을 증가시킬 수 있는 식재료
이다. 비만인 사람은 과도한 섭취를 금한다.

영양가가 높은 자양강장 식품

마

 응용 포인트

병후식에 좋은 식재료이다.

비장을 강화하고 폐, 신장의 기능을 돕는다.

만성설사, 식욕부진, 붓기 해소, 혈당 조절에
도움이 된다.

하루 사용량은 250g 이하가 적당하다.

• 고르는 법

제철 : 10~3월

묵직하고 껍질이 탄력이 있으며, 표면에 상처가
없는 것을 선택한다.

가능하면 흙이 묻은 것이 좋다.

• 보관법

키친타올로 싸서 통풍이 잘되는 냉암소에 보관한
다. 자른 것은 자른 부분을 랩으로 싸서 냉장고의
야채실에 보관한다.

참마, 부채마, 단풍마 등 다양한 종류가 있다. 한방에서는
산약(山藥)이라고 불리며 예로부터 비장, 폐, 신장 기능을
향상시키는 자양강장제로 사용되어 왔다.

소화 흡수를 촉진하며 몸을 촉촉하게 유지시키는 효과도
있다. 폐와 위장을 강화하고 피부 미용 및 노화 방지 효
과도 있다.

끈적이는 성분이 당의 흡수를 늦추기 때문에 당뇨병 예방
에도 효과가 기대된다.

 함께 먹으면 좋아요

위의 상태가 좋지 않을 때

연어

곱게 간 마를 연어에 올려 쿠킹호일로 싸서 굽는다.

마와 연어 모두 위를 활성화시키는 작용이 있고 소화에도 좋아서,
식욕이 없을 때도 추천된다.

노화 방지에

가리비

볶음요리를 만든다. 양쪽 다 몸을 촉촉하게 해주는 재료이며, 특히
마에 함유된 무코 다당류는 세포조직을 촉촉하게 하여 노화를 방지
한다고 알려져 있다.

**주의
하세요**

식초물로 손을 씻고 조리한다

조리하기 전에 식초물로 손을 씻으면, 마를 만져도 마의 끈적거림과 손에 나타나는 가려
움을 방지할 수 있다.

피로회복 및 식욕증진에

토란

기운을 보충하고, 위와 장의 점막을 보호하여 강화시키는 효과가 있다.
피로감을 느낄 때나 식욕이 없을 때 섭취하면 좋다.
특유의 점액성분에는 지질대사를 촉진하고, 간 기능을 향상시키는 작용이 있어 동맥경화, 지질이상증 개선에 효과적인 것으로 알려져 있다.
또한, 식이섬유가 풍부하여 장내의 노폐물을 배출하고 변비를 개선하는 효과도 있다.

 약선 데이터

체질	기허
오성	평
오미	감, 신
귀경	위, 대장

 응용 포인트

비장을 강화하고 장운동을 촉진하며, 피부를 희고 튼튼하게 한다.
피로 회복과 식욕저하 개선에 도움이 된다.
하루 사용량은 120g 이하가 적당하다.

•고르는 법
제철 : 9~11월
흙이 묻어있고 껍질에 적당한 습기가 있으며, 단단하고 표면에 혹이나 갈라진 곳이 없는 것을 선택한다.

•보관법
저온이나 건조에 약하므로, 젖은 키친타올에 싸거나 종이봉지 등에 넣어 통풍이 잘되는 실내에서 보관한다.

 함께 먹으면 좋아요

변비 해소에

참깨

찐 토란에 볶은 참깨와 된장, 설탕을 넣어 버무려린다.
토란과 참깨는 소화를 돕고 변비를 개선하는 효과가 있는 식재료이다.

암 예방에

죽순

표고버섯

토란, 죽순, 표고버섯으로 볶음요리를 만든다.
토란, 죽순, 표고버섯 모두 암예방 효과가 기대되는 식재료이다.

 주의 하세요

요구르트와 함께 먹지 않는다
토란에 함유된 구연산이 요구르트에 풍부한 칼슘 흡수를 방해할 수 있다.
따라서 샐러드 등으로 만들어 함께 섭취하지 않는다.

함뿌식채료

웰브 향신료

약식부

채소류·버섯류

과실류

수산류

축류·유제품

곡미류·음료

시력개선 및 자양강장에

검정콩

약선 데이터

체질	어혈, 음허, 수독	
오성	평	오미 감
귀경	비장, 신장, 심장	

응용 포인트

병후식에 좋은 식재료이다.
냉감 복통, 냉감 설사에 효과가 좋다.
여름철 열성설사에는 피한다. 식이섬유가 많
이 들어있어, 변비 해소에 도움이 된다.
하루 사용량은 10g이 적당하다.

약선에서 검정색은 건강의 원천인 신장의 색깔로 여기며,
검정콩은 대표적인 검은색 식재료 중 하나이다.
영양성분은 대부분 콩과 같다.
검은색은 안토시아닌이라는 천연 색소로, 눈의 피로 회복
이나 시력 향상에 효과가 있다고 알려져 있다.
위장 기능을 향상시키고 소변을 잘 나오게 하여, 몸에 있
는 여분의 수분을 제거하는 효과가 있기 때문에 부종 해
소에 효과가 있다.

• 고르는 법
  제철 : 9~11월
  색깔이 곱고 빛이 나는 검정색이며, 껍질이 탄력
  이 있고 알이 통통한 것을 고른다.

• 보관법
  콩은 습기에 약하므로 통기성이 좋지 않은 비닐
  봉투 등에 넣으면 쉽게 상할 수 있다.
  종이봉투에 넣어 서늘하고 어두운 곳에 보관한
  다.

함께 먹으면 좋아요

부종 해소에

돼지고기

검정콩과 돼지고기를 함께 끓인다. 두 가지 모두 신장 기능을 향상
시키는 식품이며, 돼지고기는 검정콩의 이뇨작용을 더욱 높여준다.
돼지고기는 적은 양으로도 충분하다.

빈혈 예방에

건포도

흑설탕

검정콩, 건포도, 흑설탕을 함께 끓여 디저트를 만든다.
모두 철분을 많이 함유하고 있어, 빈혈 예방에 도움
이 된다.

주의
하세요

인삼류와 함께 섭취하지 않는다
검정콩과 인삼류는 서로 약효를 약화시킬 수 있다.
따라서 함께 사용하지 않는 것이 좋다.

피로회복 및 식욕증진에

청국장

약선 데이터

체질	어혈			
오성	온	오미	감	
귀경	비장, 폐			

응용 포인트

청국장의 발효과정에서 생성되는 단백질 분해 효소는 혈전을 녹이는 작용이 있다.
뇌졸중, 동맥경화 등의 예방 효과가 있다.

청국장은 삶은 콩을 볏짚에 붙어있는 고초균이라고 하는 바실러스 서브틸러스균을 이용하여 발효시켜 만든 식재료이다.
삶은 콩에 볏짚을 깔아 40~50℃에서 2~3일간 보온하면 생청국장이 만들어진다.
생으로 먹는 일본의 낫또와는 달리 생으로도 끓여서도 먹는다. 보관성을 좋게 하기 위해 파, 마늘, 고추가루, 소금 등을 넣고 살짝 으깨어 보관해 두고 먹기도 한다.

•고르는 법
제철 : 연중
콩알갱이가 반정도 살아있는 것을 고른다.
만져서 너무 단단하지 않은 것이 좋다.

•보관법
냉장고의 냉장실에 보관하면 한 달 정도 보관할 수 있다.
이보다 더 오래 보관해야 한다면, 냉동실에 넣어 얼린다.

함께 먹으면 좋아요

혈전 예방에

미역귀

청국장과 미역귀에 포함된 끈적끈적한 성분에는 혈액을 잘 흐르게 하는 효능이 있다.

피부 미용에

당근

신진대사를 촉진하는 비타민 B2가 풍부한 청국장에 베타카로틴이 풍부한 당근을 갈아서 넣고, 올리브유를 조금 추가한다.
피부를 촉촉하게 해주는 성분을 충분히 섭취할 수 있다.

주의
하세요

청국장의 성분이 항응고제의 기능을 방해한다
뇌졸중이나 심장질환 등으로 혈전이 생기는 것을 막는 항응고제 처방을 받고 있다면, 청국장을 피하는 게 좋다.

한방약식재료

허브·향신료

약선류

채소류·버섯류

과실류

수산류

곡류·육제류

조미료·기타

여름철 무더위를 예방한다

녹두

숙주나물의 재료인 녹두는 중국에서는 여름더위에 빠지지 않는 식재료이다.

몸에 쌓인 열을 제거하기 때문에 발열이나 구내염, 뾰루지 등에도 효과가 있다. 껍질을 제거하면 소화가 잘되지만, 몸의 열을 내리는 작용은 껍질에 있다.

해독작용이 뛰어나서 식중독이나 부종 해소에도 도움이 된다. 또 식이섬유도 풍부하여 다이어트 식재료로도 인기가 있다.

약선 데이터

체질	양열, 수독
오성	한
오미	감, 담
귀경	심장, 위, 간

응용 포인트

녹두는 해독에 뛰어난 음식이다.
열감 복통, 열감 설사에 효과가 좋다.
냉감 복통, 설사에는 피한다.
하루 사용량은 10g이 적당하다.

• 고르는 법
  제철 : 여름
  건조품이 일반적이다.
  신선한 녹색을 띠며, 입자가 고른 것, 표면에 광택이 나는 것을 고른다.
  통통한 것이 좋다.

• 보관법
  직사광선과 고온다습을 피하며, 상온에 보관한다. 습기가 많을 때는 냉장고에 보관한다.

함께 먹으면 좋아요

열사병 예방에

박하

레몬

녹두를 끓인 물을 식혀서, 박하와 레몬즙을 넣는다.
녹두와 박하가 열을 제거하고, 레몬의 신맛이 과도한 땀의 발산을 억제한다.

스트레스 해소에

양파

삶은 녹두와 양파로 샐러드를 만든다.
몸에 쌓인 열을 제거하는 녹두의 작용과 양파의 혈액순환을 원활하게 하는 작용이 갈증이나 불안감을 진정시킨다.

주의 하세요

설사가 있는 사람은 피한다
녹두는 몸을 식히고 이뇨를 촉진하는 작용이 뛰어나기 때문에, 위장이 약한 사람은 과식하지 않는다.

피로 회복과 스트레스 완화에

두부

두부는 몸속에 쌓인 열을 없애고, 몸을 촉촉하게 해준다. 콩과 비슷한 영양소를 함유하며, 소화 흡수가 잘되므로 위장 약한 사람이나 노인에게도 추천된다.
양질의 단백질을 풍부하게 함유하고 있어 피로회복과 스트레스 완화에도 효과적이다.
또한, 콜레스테롤 수치를 낮추는 리놀산, 변비 개선에 도움을 주는 대두올리고당, 지방대사를 촉진하는 레시틴 등도 함유하고 있다.

약선 데이터

체질	음허, 양열		
오성	량	오미	감
귀경	비장, 위, 대장		

응용 포인트

성인병 예방, 골다공증 예방, 빈혈예방 및 혈액순환 촉진, 당뇨병 개선 등의 효능이 있다. 눈 피로, 소화장애에 도움이 된다.
하루 사용량은 100g 이하가 적당하다.

• 고르는 법
  제철 : 연중
  최근에 만든 것을 선택한다.
  칼슘 함량이 많은 두부가 영양적으로 우수하다.

• 보관법
  패키지 포장된 두부는 그대로 보관하지 말고, 밀폐 용기에 옮겨 놓고 물을 부어 냉장고에 보관한다.

함께 먹으면 좋아요

변비 해소에

참기름

두부의 대두올리고당과 참기름의 지방성분이 변비를 완화시킨다. 파 등의 양념과 잡어가루나 말린 새우를 추가하면 중화식 냉두부가 된다.

몸에 열이 있을 때

오이

찬 성질을 가진 두부는 몸속의 여분의 열을 낮추고 몸을 촉촉하게 하는 효과가 있다. 오이, 토마토 같은 성질을 가진 채소와 조합하여 두부 샐러드를 만든다.

주의 하세요

시금치와 함께 끓이지 않는다
시금치에 포함된 구연산과 두부의 칼슘 성분이 결합하여 영양소가 손실될 우려가 있다. 또 결석이 생길 가능성도 높아진다.

한방약선재료
육류·알식품
육수류
채소류·버섯류
과실류
수산류
곡류·유제품
조미료·양념

소화 기능을 개선하고 식욕을 증진시킨다

까치콩

약선 데이터

체질	기허		
오성	평	오미	감
귀경	비장, 위		

응용 포인트

이유식에 좋은 식재료이다.
비위를 따뜻하게 하여 소화력을 돕는다.
여름설사, 구토, 소화력 저하에 도움이 된다.
몸이 차가운 사람은 피한다.
하루 사용량은 20g 이하가 적당하다.

• 고르는 법
제철 : 11~12월
생것은 콩깍지의 색이 선명하고 탱탱한 것을 선택한다. 건조한 것은 광택이 있고 입자가 고르고 통통한 것을 선택한다.

• 보관법
생것은 비닐봉지에 넣어 냉장고에 보관하며, 가능한 빨리 섭취한다. 건조한 것은 습기와 직사광선을 피하며, 어둡고 서늘한 곳에 보관한다.

생것은 가열하여 섭취하며, 건조한 것을 불린 후 조리한다. 샐러드나 수프뿐만 아니라, 달게 삶아서 흰 떡소로도 활용한다.
위장 기능을 향상시키며, 체내의 수분 균형을 조절하는 효과가 있다. 식욕 부진, 복부 팽만, 설사, 대하증, 열이 쌓여서 발생하는 두통이나 메스꺼움을 완화시킨다.
설탕을 첨가하지 않고 삶아 샐러드나 조림 등으로 섭취한다.

함께 먹으면 좋아요

복부 팽만에

양파   박하

삶은 콩, 양파, 박하 또는 바질로 샐러드를 만든다.
허브 향과 양파가 기를 순환시켜 소화기능을 개선하는 효과를 더욱 높인다.

식욕 증진에

햄   진피

삶은 콩과 햄, 진피로 수프를 만든다. 햄은 비위의 기능을 높이고, 진피는 비위의 기운을 활발하게 순환시켜 위장의 기능을 개선한다.

주의 하세요

충분히 익혀서 먹는다
생콩이나 콩꼬투리에는 독소가 있으므로 충분히 익혀서 섭취해야 한다.

부종 및 설사 개선에 효과적

완두콩

비장과 위의 기능을 향상시키고, 소화흡수를 개선하여 에너지를 보충하는 효과가 있다. 몸속의 습기를 제거하여 부종과 설사를 개선하는 효과가 있다.
비타민과 미네랄을 균형 있게 포함하고 있다.
성분에 포함된 메티오닌은 혈중 콜레스테롤 수치 감소 및 항우울 등의 효과가 기대된다. 완두콩의 일종인 스냅완두콩도 완두콩과 유사한 효과가 있다.

 약선 데이터

체질	기체, 수독
오성	평 · 오미 · 감
귀경	비장, 위

 응용 포인트

위장을 편안하게 하고, 이뇨작용이 있다.
몸이 건조한 사람은 피한다.
뼈와 관절의 건강, 눈 건강, 기억력 증진에 도움이 된다.

• 고르는 법
제철 : 3~5월
꼬투리가 두껍고 싱싱하며 매끄럽고 부드러운 것을 선택한다.
또 꼬투리 색이 선명한 녹색이 좋다.

• 보관법
비닐봉지 등에 넣어, 냉장고의 야채칸에 보관한다.
1~2일 내에 사용한다.

 함께 먹으면 좋아요

냉증 개선에
 새우
완두콩과 새우를 볶아 요리한다.
완두콩은 기를 순환시키고, 새우는 양기를 올려 냉증 개선에 도움이 된다.

식욕 증진에
 쌀
에너지원인 쌀에 소화흡수를 촉진시키는 완두콩을 추가하여 볶음밥을 만든다.
완두콩이 소화흡수를 도와 식욕증진에 도움이 된다.

 주의
하세요

가열 시간은 가능하면 짧게
완두콩의 비타민 C는 열에 약하므로, 오래 가열하면 영양소가 파괴될 우려가 있으므로 살짝 삶는 정도로 조리한다.

한방 식재료
약미·향신료
양념류
채소류·버섯류
과실류
수산류
육류·유제품
음료·디저트

소화를 개선한다

작두콩

작두콩은 다양한 미량의 영양소가 포함되어 있으며, 특히
칼륨 성분이 매우 풍부하게 포함되어 있다.
탄수화물 중 식이섬유의 비중이 매우 높으며, 불용성 식이
섬유가 주를 이루고 있다.
영양성분의 다소 차이가 있지만 전체적으로 단백질과 식
이섬유, 칼륨이 많다.
껍질에도 많은 영양성분이 함유되어 있어, 껍질째 잘라서
식용과 약용으로 사용되고 있다.

 약선 데이터

체질	양허, 기허		
오성	온	오미	감
귀경	비장, 위, 신장		

 응용 포인트

비위를 보호하므로 소화기능, 신장기능 촉진
작용이 있다.
냉감 딸꾹질, 신장기능 허약의 요통에 도움
이 된다.
위장기능 항진에는 사용하지 않는다.

• 고르는 법
  제철 : 10~11월
  크기가 균일하고 껍질이 튼튼하며, 깨끗한 모양
  의 것을 고른다.
  들었을 때, 무게감이 있고 튼튼한 것을 선택하는
  것이 좋다.

• 보관법
  바람이 잘 통하고 습기가 없는 곳에 냉암소에 보
  관한다. 보관 기간은 3개월 을 넘지 않게 한다.

 함께 먹으면 좋아요

허리 통증에

목이버섯

목이버섯과 함께 볶는다.
작두콩의 신장기능을 촉진하는 작용으로 신장기능저하가 원
인인 요통에 도움이 된다.

냉감 복통에

생강

파기름에 작두콩과 생강마늘을 넣고 볶는다.
생강의 따뜻한 성분이 냉감복통과 딸국질 해소에 도움이 된다.

주의
하세요

콩 종류는 날것으로 먹지않는다
작두콩을 비롯하여 모든 콩 종류에는 미량의 독성이 포함되어 있다.
따라서 익혀서 먹는 것이 좋다.

식욕증진과 피로회복에

잠두

비장과 위의 기능을 향상시키고, 위에 쌓인 습을 제거하는 효과가 있다. 식욕 부진이나 소화불량을 해소하며, 부종을 제거하는 효과가 있다.

몸의 조직을 구성하는 단백질을 비롯하여 철 등의 미네랄을 풍부하게 포함하고 있어, 빈혈 예방과 피로회복에 효과적이다.

껍질에는 콩보다 더 많은 식이 섬유가 포함되어 있으므로, 변비 해소를 기대한다면 껍질을 벗기지 않고 섭취하는 것이 좋다.

 약선 데이터

체질	기허, 수독		
오성	평	오미	감
귀경	비장, 위		

 응용 포인트

비장의 작용을 도우며, 이뇨 작용이 있다.
단백질 함량이 높은 편이고 식이섬유도 풍부하며, 장 운동에 도움을 준다.
하루 사용량은 60g 이하가 적당하다.

• 고르는 법
제철 : 4~6월
윤이 나고 싱싱하며, 꼬투리에 솜털이 많고 탱탱한 것을 선택한다.
가능하면 꼬투리에 들어 있는 것을 구입한다.

• 보관법
신선도가 빨리 떨어지고 건조에 약하므로, 비닐봉지에 넣어 냉장고의 야채실에 보관한다.
삶은 것은 냉동보관하면 좋다.

 함께 먹으면 좋아요

기력이 부족할 때

양파

삶은 잠두를 양파 드레싱으로 버무려 샐러드를 만든다.
위의 기능을 활성화시켜 기운을 돋우는 잠두와 기를 순환시키는 양파가 기운을 나게 한다.

위장의 상태가 좋지 않을 때

두유

잠두와 두유를 함께 섭취한다.
잠두와 두유 모두 비장과 위의 기능을 향상시키는 효능이 있어, 위장의 상태가 좋지 않을 때 먹으면 도움이 된다.

주의
하세요

알레르기를 유발할 수 있다
급성 용혈성 빈혈을 유발할 수도 있다.
알레르기 체질인 사람이 섭취할 때에는 주의가 필요하다.

곡류·식재료

허브·향신료

양념류

채소류·버섯류

과실류

수산류

육류·가공품

조미료·기타

여름피로와 숙취 예방에

청대콩

 약선 데이터

체질	기허, 수독
오성	평	오미	감
귀경	비장, 위, 대장

 응용 포인트

비타민 C가 많이 들어 있어 피부 미용에 좋으며, 혈액 속의 콜레스테롤 수치를 떨어뜨린다. 퓨린 함량이 높아 통풍환자는 피한다.
과식에 주의한다.

• 고르는 법
제철 : 7~9월
껍질에 털이 많고 싱싱하며, 열매가 부풀어 있는 것을 선택한다.
갈색으로 변색한 것은 피한다.

• 보관법
비닐봉지에 넣어서 냉장고의 야채실에 보관한다. 즉시 섭취하지 않을 경우에는 적당히 삶아서 냉동 보관한다.

청대콩은 대두가 익기 진에 수확한 것으로, 콩과 야채의 풍부한 영양을 두루 갖고 있다.
기력을 보충하고 혈액순환을 개선하여, 여름피로 예방과 피로회복에 효과적이다.
또한, 청대콩의 단백질에 포함된 메티오닌은 알코올 분해를 촉진하고 간 기능을 개선하는 효과가 있어, 술 안주로 최적이다.
식이섬유도 풍부하여 변비해소에도 효과가 있다.

 함께 먹으면 좋아요

권태감의 해소에

가다랑어포

삶은 청대콩을 콩깍지에서 분리하여, 가다랑어포 다시물에 담근다. 청대콩의 기를 보충하는 효과와 가다랑이포의 트립토판과 비타민 B6가 피로감을 완화시켜준다.

콜레스테롤이 걱정될 때

두부

청대콩과 두부를 조합한다. 둘 다 식이섬유와 레시틴이 풍부하며, 콜레스테롤 수치를 낮추는 효과가 기대된다.
여기에 시금치 등을 곁들여도 좋다

주의
하세요

치즈와 함께 섭취하지 않는다
콩에는 피틴산이라는 성분이 함유되어 있어서 치즈의 칼슘, 아연 및 다른 무기질의 흡수를 방해할 수 있다.

위를 따뜻하게 하고, 기를 순환시킨다

콩

 약선 데이터

체질	기허, 수독
오성	평	오미	감
귀경	비장, 대장

콩은 비장을 튼튼하게 하고 위장 기능을 도우며, 장의 기능을 조절하는 식품이다.

양질의 단백질, 지방, 탄수화물뿐 아니라 철 등의 미네랄과 식이섬유도 풍부하기 때문에, 피로회복 및 생활습관병 예방에 효과적이다.

또한, 여성 호르몬과 유사한 작용을 하는 이소플라본을 함유하고 있어, 갱년기장애 개선에도 효과가 있다고 알려져 있다.

 응용 포인트

콩은 칼슘, 칼륨같은 무기질이 풍부한 알카리성 식품이다.

소화장애, 식욕부진에 도움이 된다.

과용은 답답증과 기침을 유발 할 수 있다.

하루 사용량은 90g 이하가 적당하다.

• 고르는 법

제철 : 9~11월

표면에 자연스러운 광택이 있고 입자가 고르며, 껍질이 떨어져 나가지 않은 것을 선택한다. 벌레 먹은 것도 피한다.

• 보관법

건조제와 함께 밀폐 용기에 넣어, 온도 변화가 적고 서늘하며 어두운 곳에 보관한다.

 함께 먹으면 좋아요

스트레스 완화에

양파

양파를 잘게 썰어 마요네즈와 식초로 무친 후, 삶은 콩 위에 얹는다. 콩의 칼슘과 양파의 신경안정 작용이 마음의 피로를 풀어 스트레스 해소에 도움을 준다.

혈전 예방에

강황

커민

세 가지 재료는 모두 혈액순환을 촉진하는 효과가 있다. 함께 사용하여 카레를 만들면 어혈을 예방하는 효과가 있다.

주의 하세요

비타민 A와 함께 사용하면 좋다

콩에 함유되어 있는 사포닌은 비타민 A의 흡수를 촉진한다.

비타민 A가 풍부한 당근이나 호박과 함께 섭취하는 것이 좋다.

강한 이뇨 작용과 해독 작용이 있다

팥

단팥빵 등의 팥소나 고물로 들어가는 팥은 수분 대사를 돕는 식재료이다. 강력한 이뇨작용과 해독작용이 있어 부종 해소에 효과적이다.

탄수화물을 에너지로 변환하는 비타민 B1을 풍부하게 함유하고 있어 피로회복, 어깨결림, 근육통 개선에도 도움이 된다.

또한, 팥이 함유하는 사포닌은 지질의 산화를 억제하여 혈전 및 동맥 경화 예방에 효과가 있는 것으로 알려져 있다.

약선 데이터

체질	수독, 양열

오성	평	오미	감, 산

귀경	심장, 소장

응용 포인트

강한 이뇨작용으로 붓기 제거, 배뇨, 혈액순환에 도움이 된다.

하지만 몸이 건조한 사람은 적당히 섭취해야하며, 장기간 섭취하는 것은 피한다.

• 고르는 법
제철 : 9~10월
붉은색이 선명하고 껍질이 얇으면서 손상된 낱알이 없는 것을 고른다.
윤기가 있고 풍선 모양으로 부푼 것을 선택한다.

• 보관법
직사광선을 피하고, 종이봉지에 넣고 통풍이 잘되는 서늘한 곳에 보관한다.

함께 먹으면 좋아요

부종 해소에

소금

수분대사를 좋게 하는 팥에 약간의 소금을 넣어, 소금 맛이 나는 삶은 팥을 만든다. 팥의 이뇨작용이 소금에 의해 강화되어 체내의 여분의 수분을 배출한다.

디톡스에

고수

팥을 소금과 닭육수로 끓여서, 마지막에 고수를 넣는다.
팥과 고수 모두 해독 효과가 뛰어난 식재료로 체내의 노폐물을 배출시킨다.

주의하세요

철분이 풍부한 식재료와 조합하지 않는다
팥에 포함된 인이 철분이나 칼슘의 흡수를 방해한다.
따라서 시금치 등과는 조합하지 않도록 주의한다.

05
PART

채소류·버섯류

채소류·버섯류는?

-제철 채소는 계절에 따라 몸 상태를 조절해준다-

약선에서는 채소가 내장의 기능을 조절하는 역할을 한다고 여긴다. 따라서 제철에 나는 채th는 몸상태를 조절하는데 없어서는 안될 필수적인 요소이다.

계절에 따라 수확되는 제철 채소는 영양분이 풍부하고 맛도 맛있을 뿐만 아니라, 몸을 활기차게 해준다.

더운 계절에 수확되는 여름 채소에는 몸을 식히는 성질이 있고, 반대로 겨울 채소에는 몸을 따뜻하게 하는 성질이 있는 것이 많다.

버섯류도 약선요리에서 자주 사용되는 식재료이다. 버섯에도 여러 가지 종류가 있기 때문에, 효능에 따라 자기 몸에 맞는 것을 골라 먹으면 맛과 영양을 동시에 만족시킬 수 있다.

열이 있는 관절통에 효과적

고사리

맛약선재료

오일 행선료

약식료

채소류·버섯류

과실류

수산류

곡류 어패류

조미료 음양료

약선 데이터

체질	양열, 담습 or 수독
오성	량　　오미　　감
귀경	간, 위, 대장

응용 포인트

발열 제거작용, 지혈 작용이 있다.
발열 감기, 장염 혈변에 도움이 된다.
과식하면 남성기능 장애, 탈모를 유발한다.

고사리는 열을 내리는 효능이 있어, 열이 있는 관절통이나
감염성 대장염에 효과가 있다.

또한, 피부에 수분과 탄력을 준다. 고사리는 찬 성질이 몸
을 식히기 때문에 너무 많이 먹거나 매일 먹는 것은 피해
야 한다.

식이섬유가 풍부하고, 장내의 환경을 조절하여 변비를 해
소한다. 세포의 재생을 촉진하는 비타민 B2, 노화를 방지
하는 비타민 E 외에, 피부와 눈, 입, 코의 점막을 튼튼하게
하는 베타카로틴도 풍부하게 포함하고 있다.

- 고르는 법
  제철 : 3월 말~5월 초
  솜털이 많이 붙어 있는 것을 고른다.
  줄기가 굵고 짧으며, 목이 위를 향하기 전의 것
  을 선택한다.

- 보관법
  생 고사리는 삶은 후 중간중간 물을 바꿔주면서
  하루 정도 물에 담가둔다. 물을 뺀 후 햇빛이 드는
  곳에서 말린 후, 지퍼백에 넣어 보관한다.

함께 먹으면 좋아요

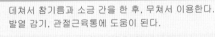
발열 감기에

콩나물

데쳐서 참기름과 소금 간을 한 후, 무쳐서 이용한다.
발열 감기, 관절근육통에 도움이 된다.

피로 회복에

닭고기　　표고버섯

닭고기살과 냉채로 무친다. 소화 불량, 식욕 부진, 부
종에 도움이 된다. 혹은 데친 표고버섯과 나물로 무
친다.

주의
하세요

생 고사리는 독성을 제거한 후에 먹는다
고사리는 독성이 있어 반드시 끓는 물에 데친 후, 찬 물에 담가 독성을 제거한 후 조리하여
섭취하는 것이 안전하다.

베타카로틴이 풍부하다

공심채

공심채는 이름처럼 줄기 속이 비어있는 채소이다.
몸속의 열과 노폐물을 배출하며, 이뇨 작용을 촉진하고 출
혈을 멈추게 하는 효과가 있다.
여름피로뿐만 아니라 코피, 목의 염증이나 통증, 피부질
환, 변비, 습진 등을 개선하는 데 도움이 된다.
풍부하게 함유된 베타카로틴은 면역 기능을 강화시키고,
암을 예방하는 항산화 비타민의 일종이다.
기름으로 조리하면 체내에서 더 잘 흡수된다.

 약선 데이터

체질	양열, 수독
오성	한 · 오미 · 감
귀경	위, 대장

 응용 포인트

각종 비타민, 섬유질, 미네랄, 아미노산 등이
풍부하게 들어 있다.
지혈 작용과 이뇨 작용이 있다.
하루 사용량은 120g이 적당하다.

• 고르는 법
   제철 : 6~9월
   녹색이 진하고 선명하며, 잎끝까지 신선한 것을
   고른다. 또 자른 부분이 생기가 있고 촉촉한 것
   을 고른다.

• 보관법
   건조에 약하며, 쉽게 시든다. 뿌리 부분을 물에 적
   신 키친타올 등으로 싸고, 전체를 젖은 키친타올
   로 포장한 후, 세워서 냉장 보관한다.

 함께 먹으면 좋아요

여름피로 해소에

마늘

다진 마늘을 넣어 볶음요리를 만든다. 공심채는 몸속의 열과 노폐물을
배출하며, 여름피로를 해소시키는 효능있다.
마늘은 식욕 개선효과와 살균 효과가 있다.

목의 갈증 해소에

배

보습효과가 좋은 배를 넣어 볶음요리를 만들거나 수프로 만들어 먹으
면 목의 갈증을 해소해 준다.
공심채와 배는 모두 여름피로를 해소하는 효능이 있다.

 주의 하세요

몸이 차거나 소화력이 약한 사람은 적당량만 섭취한다
체온을 낮추므로 몸이 차거나 소화력이 약한 사람은 적당량만 섭취한다.
알레르기가 있는 사람도 주의한다.

소화 부진이나 소화불량 해소에

꽃양배추

꽃양배추는 비타민 C가 풍부하게 함유되어 있다.
위의 기능을 개선하여 건강한 체질로 만들어주는 작용이
있으며, 식욕부진이나 속쓰림 등에도 효과가 있다.
허약 체질이나 쉽게 피로감을 느끼는 사람들에게도 추천
된다.
에너지의 순환을 원활하게 하고, 체내에 쌓인 노폐물을 배
출하는 작용도 있다. 기분이 우울할 때나 복부 팽만감이
있을 때에도 좋다.

약선 데이터

체질	기허, 음허
오성	평	오미	감
귀경	신장, 비장, 위

응용 포인트

병혈식, 이유식에 좋은 식재료이다.
저열량 식재료로 당뇨와 다이어트에 효과가
있다. 완숙이 사용하기 적당하고 소화 기능에
도움이 되며, 미완숙이나 반숙은 소화장애를
유발할 수 있다.

• 고르는 법
  제철 : 11~3월
  꽃봉오리가 순백색이고 둥글고 단단하게 모여 있
  으며, 줄기가 짧고 묵직한 것을 선택한다.

• 보관법
  생것은 비닐랩에 싸서 냉장고의 야채실에 보관
  한다.
  냉동한 것은 작은 송이로 나눠 데친 후, 비닐랩으
  로 싸서 보관한다.

함께 먹으면 좋아요

기분이 우울한 때

유자

기의 순환을 돕는 꽃양배추와 유자 맛이 나는 식초절임을 조합한
다. 향기로운 유자를 더함으로써 기를 순환시켜 우울한 기분을 풀
수 있다.

뇌의 노화 방지에

호두

볶음요리를 만든다. 꽃양배추와 호두는 약선에서는 뇌에 좋은 식
자재로 알려져 있다.
건망증 등 뇌의 노화 방지에 효과적이다.

**주의
하세요**

식초나 레몬을 넣어 데친다
식초나 레몬을 첨가하고 소금을 넣어 데치면, 꽃양배추가 검게 변하지 않고 깔끔하게 데
쳐진다.

한방식재료

약초 한약식물

양식류

채소류·버섯류

과실류

수산류

육류·유제품

조미료·향신료

안과 질환에 좋은 식재료

냉이

약선 데이터

체질	양열, 수독
오성	량 오미 감
귀경	간, 비장, 신장, 방광

응용 포인트

체열 제거, 습기 제거작용이 있다.
특히 눈충혈과 통증, 익상편 제거에 도움이
된다.
하루 사용량은 생것 100g이 적당하다.

냉이는 이뇨, 혈압강하, 해독 등의 효능이 있어 고혈압, 중
풍 등을 예방한다.
예전에 중국에서는 '100세를 살게 하는 나물'이라는 뜻으
로 백세갱(百歲羹)이라 부르기도 하였다.
눈병이 있는 사람, 목적종통 등의 환자에게도 적합하다.
또, 소아 홍역이나 유행성 감기를 예방하고, 어린 아이들
의 소화불량, 설사병에도 좋다.

- 고르는 법
  제철 : 3~4월
  잎과 줄기가 작은 것이 좋다. 뿌리 부분에서 냉이
  특유의 향이 많이 나고 뿌리가 너무 단단하지 않
  으며, 잔털이 적은 것이 좋다.

- 보관법
  뿌리의 흙을 흐르는 물로 씻고 물기를 제거한 후
  살짝 데쳐서 물기를 뺀다.
  지퍼락에 넣어 냉동실에 보관한다.

함께 먹으면 좋아요

안구건조, 노안에

당근

함께 볶거나 데쳐서 먹는다. 들기름과 소금이 잘 어울린다.
안구건조, 노안, 눈충혈, 익상편 등 안과질환에 좋은 효과를 나
타낸다.

눈피로, 눈 충혈에

으깬 두부와 데친 냉이를 올리브 오일로 드레싱한다.
냉이는 눈피로와 눈건조, 충혈 등 눈의 증상 해소에 도움이 된다.

두부

주의 하세요

결석이 있으면 피하는 것이 좋다
냉이는 칼슘을 많이 포함하고 있기 때문에, 몸에 결석이 있으면 과다 섭취를 피하는 것
이 좋다.

간기능 향상에 효과적

두묘

두묘는 완두콩을 발아시킨 것으로, 영양가가 높으며 특히 카로틴 등 항산화 비타민을 많이 함유하고 있다.

눈피로, 감염 예방에 좋을 뿐만 아니라, 간 기능을 향상시켜 대사를 원활하게 한다. 몸의 열을 내리는 효과도 있다.

고혈압과 지질이상증 예방에도 좋다.

소화불량과 설사 개선 및 피부 미용에도 좋은 효과를 기대할 수 있다.

약선 데이터

체질	수독, 양열		
오성	한	오미	감
귀경	비장, 위, 간		

응용 포인트

소화 기능을 돕고 설사를 멈추게 하며, 이뇨작용, 구토억제 작용이 있다.

두묘의 항산화물질은 활성산소를 제거하여 콜레스테롤과 중성지방의 산화를 억제한다.

• 고르는 법
  제철 : 온실재배 연중, 노지재배 3~5월
  잎이 짙은 녹색인 것을 고른다.
  뿌리가 있는 것을 구입하면 보존이 쉬우며, 다시 수확할 수 있다.

• 보관법
  구입한 봉지 그대로 세워서 냉장고에 보관한다.
  개봉 후에는 비닐봉지에 넣어 냉장 보관하고, 가능한 빨리 섭취하는 것이 좋다.

함께 먹으면 좋아요

간 기능 개선에

오징어   분어   소개류

두묘와 마찬가지로 간 기능을 돕는 식재료와 볶음요리를 만들어 섭취하면 상호작용 효과를 기대할 수 있다.

골다공증 예방에

건새우   흰목이버섯

건새우와 흰목이버섯으로 수프를 만든다.
건새우의 칼슘과 두묘의 비타민 C, 흰목이버섯의 비타민 D가 뼈를 강화하는 작용을 한다.

주의 하세요

생으로 먹지 않는다

콩과 식물에는 잎과 줄기에 천연독성 물질인 렉틴을 함유하고 있다.

반드시 삶거나 익히는 등 열로 조리하여 섭취한다.

근육 통증과 긴장 완화에 효과적

땅두릅

약선 데이터

체질	수독, 어혈
오성	온
오미	신, 고
귀경	간, 신장, 방광

응용 포인트

체내 습기제거 작용, 근육이완 작용이 있다.
허리와 무릎 통증, 관절 염좌에 도움이 된다.
건조하고 열이 많은 사람은 과용에 주의 한다.
하루 사용량은 30g이 적당하다.

땅두릅은 혈액 순환을 촉진하여 관절이나 근육의 통증과
긴장을 완화하는 효과가 있다.
뿌리 부분은 한방약재 독활로 사용되며, 독활은 냉증, 습
기로 인한 관절통, 두통 치료에 사용된다.
또한 고령자나 허약 체질인 사람들의 다리와 허리의 통증,
변형성 관절염 등을 개선하는 효과도 있다. 두릅에는 밭에
서 재배한 땅두릅과 나무에서 채취하는 산두릅이 있다.
산두릅이 약효가 높고 향기도 강하며 맛도 좋다.

• 고르는 법
제철 : 3~5월
잎이 탱탱하고 생기 있으며, 솜털이 고르게 난 것
을 고른다.
향이 짙은 것이 좋다.

• 보관법
직사광선에 노출되면 딱딱해지고, 냉장고에 보관
하면 변색되기 쉬우므로 키친타올로 싸서 냉암소
에 보관한다.

함께 먹으면 좋아요

변비 해소에

미역

식이섬유가 풍부한 땅두릅과 미역을 섭취한다.
함께 섭취하면 변비 해소에 더욱 효과적이다. 땅두릅과 미역 모두 봄이
제철인 식재료이다. 초회나 국을 끓여 먹는 것이 좋다.

피로회복에

쌀   식초

땅두릅의 향기는 기운을 돌리고 기분을 안정시키는 효과가 있
다. 에너지의 원천인 쌀과 심신을 안정시키는 식초를 섞어 밥
을 만들어 먹는다.

주의
하세요

반드시 데쳐서 먹는 것이 좋다
데쳐서 먹는 것이 맛도 좋으며, 영양분도 잘 흡수된다.

몸속의 열을 제거한다
미나리

미나리는 약선에서 감기나 인플루엔자로 인한 열을 낮추는 식재료로 사용된다.

몸속에 쌓인 열을 해소하고 수분대사를 촉진하는 효과가 있다. 또, 다양한 비타민, 철분, 칼슘 등이 풍부하게 함유되어 있다.

혈액을 정상적이고 건강한 상태로 유지시키고, 빈혈과 고혈압을 예방하는 데 도움을 주며, 어깨와 목의 긴장을 완화하는 효과도 있다.

약선 데이터

체질	수독, 양열
오성	량
오미	감, 신
귀경	폐, 간, 방광

응용 포인트

갈증을 풀어주고 머리를 맑게 하며, 해독 작용이 뛰어나다.

해열 작용, 이뇨 작용, 지혈 작용이 있다.

열감기, 열사병, 부종, 배뇨 장애에 도움이 된다.

- **고르는 법**
  제철 : 1~4월
  잎의 길이가 일정하고 푸른색이 선명한 것을 고른다. 줄기가 굵은 것은 딱딱하기 때문에, 가늘고 향기가 강한 것을 선택한다.

- **보관법**
  물에 적신 키친타올 등으로 뿌리 부분을 싼 후, 비닐랩으로 싸서 냉장고의 야채실에 세워서 보관한다.

함께 먹으면 좋아요

피로감 해소에
미나리와 가리비를 양념으로 무친다.
미나리 향기는 지친 기분을 풀어주고, 가리비는 스트레스로 인해 부족해진 아연을 보충한다.

가리비

빈혈 예방에
미나리를 물에 데쳐서 간장으로 간을 한 후에, 가다랑어포를 넣어 먹는다. 미나리와 가다랑어포 모두 철분이 풍부한 재료로 빈혈 예방에 도움이 된다.

가다랑어포

주의 하세요

살짝만 데쳐서 쓴맛을 뺀다
미나리는 쓴맛이 강한 식재료로 알려져 있지만, 구매한 것은 자연 그대로의 식재료에 비해 쓴맛이 그리 강하지 않다. 살짝 데치는 정도로 충분하다.

변비와 피부 트러블 해소에

배추

 약선 데이터

체질	음허, 양열, 기체
오성	량	오미	감
귀경	위, 대장

배추는 위장의 기능을 조절하여 소화를 촉진하며, 변비를 개선하는 효과가 있는 식재료이다. 술 해독작용도 있어 숙취에 좋다고 알려져 있다.
저칼로리이며 비타민 C와 식이섬유가 풍부하게 함유되어 있어, 감기 예방과 피부 트러블 개선에도 효과가 있다. 또한, 수분 대사를 개선하는 효과도 있어, 목 갈증이 있을 때나 부종이 있는 경우에도 유용하다.

 응용 포인트

장 활동을 돕는 식이섬유가 풍부해 장내 환경 개선을 도우며 변비 해소에도 효과적이다. 해열작용, 갈증해소, 열성 기침을 조절한다. 소화기능 저하, 설사를 하는 사람은 신중하게 사용한다.

• 고르는 법
  제철 : 11~2월
  잎이나 줄기에 검은 반점이 있는 것은 피한다. 잘라서 파는 것은 잘린 부위가 백색이고 싱싱한 것을 선택한다.

• 보관법
  겨울에는 키친타올로 싸서, 냉암소에 세워서 보관한다. 여름이나 잘라서 파는 것은 비닐랩으로 싸서 냉장고의 야채실에 보관한다.

 함께 먹으면 좋아요

숙취 해소에

사과

사과와 조합하여 샐러드를 만든다.
음주는 신체의 수분을 증발시킨다. 배추와 사과는 몸의 열을 내리며, 특히 사과는 몸에 수분을 공급해준다.

갱년기장애 개선에

감

배추와 감을 냄비에 넣어 조리한다.
배추와 감은 모두 스트레스를 완화하고 정신을 안정시키는 효과가 있어, 갱년기장애로 인한 심신불안을 완화해준다.

주의 하세요

동물의 간과 같이 먹지 않는다
동물의 간과 배추를 함께 섭취하는 것은 피하는 것이 좋다. 배추의 비타민 C가 파괴될 수 있다.

냉증을 개선하며, 감기 예방에 효과적

부추

한방식재료

허브·향신료

양식류

채소류·버섯류

과실류

수산류

육류·유제품

조미료·미료

약선 데이터

체질	양허, 기체, 어혈		
오성	온	오미	신
귀경	간, 신장, 위		

응용 포인트

신장 기능을 돕고 소화기능과 장운동을 촉진
한다. 부추는 따뜻한 성질을 띠므로, 건조하
고 열이 있는 사람, 부스럼, 눈병환자는 피하
는 것이 좋다.

부추는 신장 기능을 향상시키고 몸을 따뜻하게 하는 효능
이 있어, 체온 저하나 허리 통증에 좋은 식재료이다.
비타민 B1이 풍부하여 피로 회복에 효과적이며, 바이러스
침입을 방지하고 면역력을 향상시키는 작용이 있어 감기
예방과 피부 건강에도 도움이 된다.
독특한 향기 성분인 유화아릴은 혈액을 맑게 하여 동맥
경화를 예방하며, 비타민 B1의 흡수를 촉진하는 역할도
한다.

• 고르는 법
제철 : 11~3월
줄기가 단단하고 진한 녹색이며, 살이 두껍고 넓
은 것이 좋다.
절단면이 신선하고 향기로운 것을 선택한다.

• 보관법
키친타올 등으로 싸서 비닐봉지에 넣어 냉암소
에 보관한다.
또는 냉장고의 야채실에 세워서 보관한다.

함께 먹으면 좋아요

자양강장에

열을 올리는 부추와 새우에 영양가가 풍부한 계란을 사용하
여 만두를 만든다. 체온을 높이는 조합으로 중국에서는 명절
요리로 잘 알려져 있디.

새우   달걀

피로 회복에

돼지고기   피로회복 효과가 높은 비타민 B1이 풍부한 돼지고기와 함께 볶음요
리를 만든다. 부추의 유화아릴 화합물은 비타민 B1의 흡수를 촉진하
여, 피로 회복을 돕는다.

주의
하세요

꿀과 함께 섭취하지 않는다
꿀은 부추의 비타민 C의 효능을 약화시킬 뿐만 아니라, 둘 다 통변작용이 있기 때문에 함께
섭취하면 설사가 발생할 수 있다.

생활습관병 예방에

브로콜리

약선 데이터

체질	기허
오성	량 **오미** 감
귀경	간, 비장, 위, 대장

응용 포인트

병후식, 이유식에 좋은 식재료이다.
브로콜리에는 비타민, 미네랄, 섬유질 그리고
항산화제가 많이 들어있다. 신장의 기능을 돕
고 뇌와 뼈를 튼튼하게 하며, 만성병, 신체허
약에 도움이 된다.

새싹 부분을 먹는 녹황색 채소로, 풍부한 영양소 중에서도
특히 비타민 C가 많이 포함되어 있다.
신장 기능을 향상시키고 약한 체질을 개선하며, 위장을 강
화하는 효과가 있다고 알려져 있다. 위장이 약한 사람, 노
화가 걱정되는 사람에게 추천된다.
항산화 작용이 뛰어나며, 면역력 향상에 도움이 된다.
암이나 생활습관병 예방 및 고혈압 개선에도 효과를 기
대할 수 있다.

- **고르는 법**
  제철 : 11~3월
  새싹은 선명한 녹색이고, 중앙은 둥글고 단단한
  것이 좋다.
  줄기는 생기 있고, 속이 비지 않은 것을 선택한다.

- **보관법**
  비닐랩으로 싸서 냉장고의 야채실에 세워 보관한
  다. 냉동하는 경우는 단단하게 데친 것을 비닐랩
  으로 싸서 보관한다.

함께 먹으면 좋아요

암 예방에

표고버섯

마늘

브로콜리, 표고버섯, 마늘은 모두 항암효과가 있는 식재
료이다. 함께 볶음요리로 섭취하면 서로 상승작용을 하
여, 암예방 효과가 높아진다.

위의 상태가 좋지 않을 때

감자

약해진 위를 강화시키기 위해 브로콜리와 감자로 수프를 만든다.
감자와 함께 끓이면 약간 걸쭉해지고 먹기에도 좋다.
아니면 볶음요리를 만들어도 좋다.

**주의
하세요**

너무 오래 끓이지 않도록 한다
브로콜리를 너무 오래 끓이면 비타민 C가 손실될 수 있으므로, 조금 씹는 맛이 있을 정
도만 끓인다.

열증을 제거한다

상추

약선 데이터
체질	양열
오성	량
오미	감, 고
귀경	대장, 위

응용 포인트
염증제거 작용, 갈증해소 작용이 있다.
각종 피부염증, 갈증에 도움이 된다.
냉감 복통이 있는 사람은 피한다.

상추는 매우 널리 사용되는 국화과 채소로 생육기간이 짧고 내한성이 강해 전국적으로 재배되고 있다.
잎이 녹색이고 부드러우며, 특히 칼슘, 카로틴, 비타민 C와 철분을 많이 함유하고 있는 영양가 높은 채소이다.
줄기의 절단면에서 나오는 흰즙에는 쓴맛을 내는 락투신이 함유되어 있어, 신경을 안정시키고 불면증에도 도움이 된다.

• 고르는 법
제철 : 5~8월
신선하고 상처와 이물질이 없으며, 잎이 두껍고 윤기가 나는 것이 좋다. 줄기는 가늘고 잎이 넓으며, 잎을 잘라봤을 때 우윳빛 진액이 있는 것.

• 보관법
구입 후 가능하면 빨리 섭취하는 것이 좋다.
세척한 상추는 비닐팩에 넣어 밀봉한 후, 줄기가 아래로 향하게 하여 냉장보관한다.

함께 먹으면 좋아요

피로 회복에

돼지고기
돼지고기와 상추를 함께 먹는다.
돼지고기의 비타민 B1이 피로회복에 도움을 준다.
체력이 고갈되었을 때 먹으면 좋다.

식욕 증진에

양파   마늘
양파, 다진 마늘, 배즙 등을 넣어 상추겉절이를 만든다.
새콤달콤한 상추와 아삭한 식감의 양파이 식욕을 증진시킨다.

주의
하세요
안과 질환이 있으면 신중하게 섭취한다
안질환과 비위가 허한 사람은 신중하게 섭취해야 한다.
상추를 많이 먹으면 일시적으로 눈이 침침해질 수 있다.

한방식재료
허브·향신료
양식류
재소류·버섯류
과실류
수산류
육류·유제품
곡물류·면류

스트레스 완화 및 고혈압 예방에

샐러리

샐러리는 몸속의 열을 낮추고 머리로 상승한 기를 내려주는 효과가 있는 식재료이다.

두통이나 스트레스로 인해 발생하는 혈압 상승이나 얼굴이 붉어지는 증상을 해소하는 데 효과적이다.

특유의 향기는 스트레스로 인한 불안이나 긴장을 완화시키는 작용이 있다.

몸속의 수분 조절작용을 하는 칼륨도 풍부하게 함유되어 있어 배뇨를 촉진시키고, 부종 개선 및 고혈압 예방 효과도 기대할 수 있다.

 약선 데이터

체질	양열, 수독		
오성	량	오미	감, 신
귀경	간, 비장, 위, 폐		

 응용 포인트

스트레스 진정 작용, 해열 작용, 이뇨 작용이 있다.

이외에도 고혈압, 어지럼증, 두통을 완화하고 콜레스테롤을 낮추는 것으로 알려져 있다.

• 고르는 법

　제철 : 11월~5월

　잎이 생기가 있고 줄기가 굵으며 세로 줄이 뚜렷한 것을 고른다.

　절단면에 상처가 없는 것을 선택한다.

• 보관법

　잎과 줄기를 분리하여, 잎은 비닐봉지에 넣고, 줄기 부분은 물이 담긴 컵에 뿌리를 꽂아 냉장고의 야채실에 보관한다.

 함께 먹으면 좋아요

고혈압 예방에

표고버섯

수프를 만든다. 셀러리와 표고버섯은 모두 혈압을 낮추는 효과가 있는 칼륨과 식이섬유가 풍부하며, 상호작용으로 고혈압 예방에 효과적이다. 소금은 적게 사용한다.

콜레스테롤 관리에

오징어

콜레스테롤 수치를 낮추고 중성지방을 감소시키는 타우린이 풍부한 오징어와 함께 볶음요리를 만든다. 식이섬유가 풍부하며, 과다한 콜레스테롤을 배출하는 샐러리와 상호작용하여 효과가 높아진다.

주의
하세요

가능하면 소금은 적게 사용한다

과도한 소금 섭취는 샐러리의 칼륨과 함께 나트륨도 배출시킬 수 있다.

고혈압 예방을 위해 샐러리를 섭취한다면, 소금을 적게 사용하는 것이 좋다.

빈혈, 감기, 변비 예방에 효과적

시금치

시금치는 오장의 기능을 돕고 혈액순환을 개선한다.
철분이 풍부하여 빈혈에 효과가 있다고 알려져 있다.
장을 촉촉하게 하여 변비를 개선하는 효능도 있다.
또한, 베타카로틴과 비타민 C가 풍부하게 함유되어 있어,
감기와 동맥경화 예방에도 효과적이다.
뿌리의 적색 부분에는 뼈의 형성을 돕는 망간이 풍부하게
함유되어 있어, 골다공증에도 좋은 식재료이다.

약선 데이터

체질	음허, 혈허		
오성	평	오미	감
귀경	간, 위, 대장, 소장		

응용 포인트

시금치에 다량으로 함유된 칼륨은 나트륨의
배설을 촉진하여, 나트륨에 의한 혈압의 상승
을 억제하는 작용이 있다.
골다공증 예방, 노화 방지, 피부 미용 등에 좋
다

• 고르는 법
제철 : 11~1월
잎이 두껍고 부드러우며, 짙은 녹색인 것을 고른
다. 줄기는 짧고, 뿌리 부분은 싱싱하고 붉은 색이
많은 것을 선택한다.

• 보관법
습기가 있는 키친타올로 싸서 비닐봉지에 넣어,
냉장고의 야채실에 세워서 보관한다.
쉽게 상하기 때문에 빨리 사용하는 것이 좋다.

함께 먹으면 좋아요

빈혈 예방에

땅콩

시금치에 땅콩을 섞어 먹는다. 둘 다 혈액보충 효과가 있으며, 땅
콩의 기름성분은 시금치에 함유된 카로틴의 흡수를 촉진하는 역
할도 한다.

피로 회복에

돼지고기

식욕을 촉진하는 효과가 있는 시금치와 피로를 회복하는 효과가
있는 비타민 B1이 풍부한 돼지고기로 볶음요리를 만든다.
맛의 조화도 뛰어나다.

주의
하세요

두부와는 조합하지 않는다

시금치와 두부를 함께 먹는 것은 조심해야 한다. 시금치에 많은 수산 성분이 칼슘과 결합하
면 수산칼슘으로 변해 몸속에서 결석을 유발할 수 있다.

한방식재료
허브·향신료
음식류
채소류·버섯류
과실류
수산류
곡류·콩제품
조미료·향료

다양한 약효를 가진 건강식품

신선초

생명력이 강한 식재료이며, 풍부한 영양소 외에도 컬콘, 쿠마린 등 항산화작용이 강한 성분이 포함되어 있다.
이러한 성분들은 혈전예방 및 알레르기 억제효과가 있다.
면역력을 향상시키고 동맥경화 및 암 예방에 도움을 주며, 비만 예방 및 피부미용 효과도 기대할 수 있다.
또한, 위장 기능을 조절하여, 변비 해소 및 부종 개선에도 효과적이다.

 약선 데이터

| 체질 | 양열, 기허 |

| 오성 | 량 | 오미 | 감 |

| 귀경 | 간, 심장, 대장 |

 응용 포인트

각종 비타민류, 철분, 인, 칼슘 등을 다량 함유하고 있어 빈혈, 고혈압, 당뇨, 신경통에 탁월한 효능이 있다.
강심작용, 식욕증진, 피로회복, 건위정장 및 신진대사 등에 도움이 된다.

- 고르는 법
  제철 : 2~5월
  잎이 진한 녹색이고 광택이 나는 것을 고른다.
  줄기는 유연한 것을 선택하며, 오래된 것은 쉽게 부러질 수 있다.

- 보관법
  건조하지 않도록 젖은 키친타올 등으로 싸서, 냉장고의 야채칸에 세워서 보관한다.

 함께 먹으면 좋아요

면역력 강화에

마늘

독특한 향기와 맛을 가진 신선초와 향이 좋은 마늘을 볶으면 먹기 좋다. 둘 다 면역력을 강화하는 유익한 성분을 포함하고 있어, 면역력 강화에 좋은 효과를 발휘한다.

암 예방에

사과

신선초와 사과를 믹서기에 돌려 주스를 만들어 먹는다. 신선초에 함유된 컬콘과 쿠마린, 사과에 함유된 펙틴 성분은 암 예방효과가 있다고 알려져 있다.

주의 하세요

칼륨량을 제한할 경우는 삼가한다
칼륨 함량이 특히 풍부하므로, 신장질환이나 인공투석을 받는 등 칼륨 제한이 필요한 사람은 적당량을 섭취한다.

여성 특유의 냉감 증상 완화에

쑥

쑥은 특유의 향기가 기혈의 순환을 개선하고, 쓴맛이 위장의 작용을 도와준다.

중국에서는 오래 전부터 질병을 치료하는 한방 약재로 사용되었다.

몸을 따뜻하게 하여 혈액 순환을 촉진하고, 호르몬 분비를 조절하여 내장 기능을 향상시키는 효과가 있다. 냉증, 어깨 결림, 요통, 생리통 등 여성의 다양한 증상을 개선한다.

약선 데이터

체질	양허, 수독
오성	온	**오미**	신, 고
귀경	간, 비장, 신장

응용 포인트

지혈 작용, 제습 작용, 몸을 따뜻하게 하는 작용이 있다.
건조하고 열이 있는 사람은 피한다.
하루 사용량은 30g 이하가 적당하다.

• 고르는 법
제철 : 4~8월
잎이 선명하고 짙은 녹색이며, 탱탱하고 광택이 있는 것을 고른다.
줄기의 아래쪽에 잎이 밀집해 있는 것이 좋다.

• 보관법
냉동보관하는 것을 권장한다.
살짝 삶아서 찬 물에 헹구고 물기를 꼭 짠 다음, 비닐랩에 싸서 냉동실에 보관한다.

함께 먹으면 좋아요

식욕 증진에

찹쌀

삶은 쑥을 찹쌀과 섞어 쑥떡을 만든다. 쑥은 몸을 따뜻하게 하고 소화를 촉진하는 효과가 있으며, 찹쌀과 함께 섭취하면 위장의 기능이 더욱 좋아져 식욕이 없는 사람에게 추천된다.

위의 상태가 좋지 않을 때

감자

쑥과 감자는 모두 위장 기능을 돕는 식재료이다. 국으로 끓여 먹으면 상호작용으로 약화된 위장의 상태를 회복시킨다. 쑥의 향기는 간 기능을 향상시키고, 감자는 기를 보충하여 기운을 더해 준다.

주의
하세요

쓴맛을 과도하게 제거하지 않는다
쑥은 쓴맛이 강하기 때문에 삶은 후 물에 헹구어 쓴맛을 제거한 후 사용한다. 그러나 과도하게 쓴맛을 약을 제거하면 풍미도 없어지고 약효도 약해지므로 적절하게 제거한다.

위장을 조절하고 스트레스를 완화시킨다

쑥갓

쑥갓은 '먹는 감기약'이라고도 불리며, 오랫동안 한방약으로 사용되어 왔다.

특유의 향기는 기운을 돋우고 정신을 안정시켜 스트레스를 완화하며, 위장 기능을 조절하고 속쓰림을 개선하는 효과가 있다고 한다.

또한, 혈액을 맑게 해서 생활습관병을 예방한다. 기침을 진정시키고 피부 미용효과도 기대할 수 있다.

 약선 데이터

체질	기체, 수독
오성	량	오미	감, 신
귀경	비장, 위, 심장

 응용 포인트

비위를 조화롭게 하고, 대소변의 배출을 원활하게 한다. 정신안정 작용이 있다.

기의 순환을 촉진하여, 소화기관을 튼튼하게 하고 가래를 없앤다.

하루 사용량은 90g이 적당하다.

• 고르는 법
제철 : 11~2월
잎은 짙은 초록색이고 싱싱하며, 줄기는 너무 두껍지 않고 아래쪽에도 잎이 잘 붙어 있는 것이 좋다.

• 보관법
건조하지 않도록 젖은 키친타올에 싸서 비닐봉지에 넣어, 냉장고의 야채실에 보관한다.

 함께 먹으면 좋아요

 혈전 예방에

쑥갓은 혈액을 맑게 하는 효과가 있으며, 유사한 효과를 가진 목이버섯과 함께 사용하면 효과를 더욱 높일 수 있다.
재료를 듬뿍 넣어 수프를 만든다.

목이버섯

 위장이 좋지 않을 때

당근

삶은 쑥갓과 채썬 당근을 이용한 샐러드를 만든다.
쑥갓과 당근은 모두 위의 작용을 도와주는 식재료이다.
고소한 참기름으로 곁들여 먹으면 식욕도 증가한다.

 주의하세요

떫은 맛을 없애는 조리 시간은 되도록 짧게
쑥갓은 떫은 맛이 조금 있는 야채이다. 조리시 물에 담그는 시간이나 가열 시간은 너무 길지 않게 하여 영양 손실을 방지한다.

피로 회복, 면역력 향상에 효과적

아스파라가스

한방식재료

허브·향신료

양식류

채소류·버섯류

과일류

수산류

육류·유제품

조미료·기타

소화기의 기능을 향상시키고 몸의 열을 낮추며, 목의 건조를 완화시키는 효과가 있다.

새싹 부분에 풍부하게 함유된 아스파라긴산은 아미노산의 일종으로, 신진대사를 촉진시키고 피로 회복과 피부 건강에 좋다고 알려져 있다.

최근에는 면역력 강화 효과가 주목을 받고 있으며, 암 예방 효과도 기대된다. 그린 아스파라가스와 화이트 아스파라가스는 효능이 거의 동일하다.

 약선 데이터

체질	양열, 수독
오성	한 오미 감, 고
귀경	폐, 심장, 간, 신장

 응용 포인트

해열 작용, 갈증해소 작용, 이뇨 작용이 있다.
열성질병의 갈증, 배뇨 장애에 도움이 된다.
간 해독 기능이 있어 숙취 해소에 좋다.
소화기능 저하에는 신중하게 사용한다.

• 고르는 법

제철 : 5~6월
진한 녹색이고 줄기의 굵기가 균일하며, 절단면이 변색되지 않은 것을 고른다.
꽃봉오리가 단단하게 모여 있는 것이 좋다.

• 보관법

건조하기 쉬우므로 젖은 키친타올에 싸서 비닐랩으로 포장하여, 냉장고의 야채실에 세워서 보관한다.

 함께 먹으면 좋아요

목의 갈증에

토마토

토마토와 함께 샐러드나 무침요리를 만든다. 둘 다 몸에 쌓인 불필요한 열을 낮추고 촉촉하게 해주는 작용이 있어, 상호작용으로 목의 갈증을 해소시킨다.

변비 해소에

우엉

우엉과 함께 볶음요리를 만든다.
아스파라가스와 우엉 모두 식이섬유와 올리고당 등 변비 해소에 효과적인 영양소를 풍부하게 함유하고 있다.

 주의
하세요

두부와 조합할 때 주의한다
아스파라가스와 두부의 조합은 담석을 생성할 수 있는 위험이 있다고 알려져 있다.
가능하면 피하는 것이 좋다.

위장의 기능을 향상시킨다

양배추

약선 데이터

체질	기허, 기체, 어혈
오성	평 · 오미 · 감
귀경	간, 대장, 위, 신장

응용 포인트

병후식, 이유식에 좋은 식재료이다.
위점막 보호, 관절운동에 좋다.
소화장애에는 익혀서 섭취한다.
양배추의 위궤양 등 위장병 치료 효과는 널리
알려져 있다.

•고르는 법
　제철 : 봄양배추 3~5월, 여름양배추 7~8월,
　　　　겨울양배추 1~3월
　봄, 여름은 녹색이 짙고 절단부위가 신선한 것, 겨
　울은 들어서 묵직하고 단단한 것을 고른다.

•보관법
　심을 도려내고, 젖은 키친타올을 채워 냉장고의
　야채실에 보관한다.
　겨울은 키친타올에 싸서 냉암소에서 보관한다.

비타민 C를 비롯하여 위와 신장의 기능을 좋게 하는 다양
한 비타민이 포함되어 있다.
위장약 이름으로도 친숙한 「카베진」은 비타민 U의 별명
으로 위점막의 작용을 조절하는 효능이 있으며, 위궤양이
나 십이지장궤양의 예방과 개선에 탁월한 효능이 있다.
위장의 작용을 좋게 하여 몸 전체의 기력을 높이므로, 소
화불량, 위통 등의 증상이 있을 때 섭취하면 좋다.

함께 먹으면 좋아요

위통 완화에

양배추와 닭고기로 수프를 만든다.
양배추와 닭고기는 위점막을 보호하고 위장 기능을 향상시키는 식
재료이다.

닭고기

혈전 예방에

양파와 목이버섯은 혈액의 순환을 촉진시키는 효과가
있다. 양배추가 위장의 기능을 강화하여 소화를 촉진시
키는 효과를 더욱 높여준다.

양파　　　　　목이버섯

주의 하세요

물에 오래 담가두지 않는다
양배추를 채썰어서 물에 오래 담가두면 수용성 영양소가 빠져나가므로, 빠르게 씻는 것
이 중요하다.

열을 없애고, 수분 대사를 촉진한다

양상추

양상추는 90% 이상이 수분이며, 비타민, 미네랄, 식이섬
유 등을 균형있게 함유한 식재료이다.

몸속에 쌓인 여분의 열을 제거하고, 수분대사를 활발하게
하는 작용이 있다.

옛날부터 모유 분비를 촉진시키는 식재료로 알려져 있으
며, 부종 개선에도 도움이 된다.

또한, 아삭아삭한 식감은 식욕을 촉진시키고 스트레스를
완화하기 때문에, 식욕이 없거나 짜증날 때에도 추천된다.

 약선 데이터

체질	기체, 수독
오성	량
오미	고, 감
귀경	위, 대장

 응용 포인트

양상추에 함유되어 있는 비타민 D는 뼈 건강
에 좋다.

소변 배출을 원활하게 하고, 모유 분비 촉진
작용, 진정 작용이 있다.

• 고르는 법

제철 : 4~9월

심을 자른 부위가 신선하고, 그다지 크지 않는 것
을 고른다.

심을 자른 부위가 너무 큰 것은 쓴맛이 있다.

• 보관법

신선도가 떨어지기 쉽기 때문에, 심 부분을 물에
축인 키친타올로 싸서, 비닐봉투에 넣어 냉장고
의 야채실에 보관한다.

 함께 먹으면 좋아요

스트레스 완화에

오렌지

양상추의 식감과 색감은 칼슘과 함께 마음을 진정시킨다.
향기가 좋고, 기의 순환을 도와주는 오렌지와 함께 샐러드를 만
든다.

부종 해소에

두부   생강

이뇨 효과가 좋은 양상추와 해독 효과가 좋은 두부를 조
합하여 수프를 만든다. 양상추와 두부는 몸의 열을 내리
는 식재료이므로, 몸을 따뜻하게 하는 생강을 더한다.

주의
하세요

양상추는 손으로 찢어서 요리한다

양상추 잎을 칼을 자르면 갈색으로 변색하기 쉬우므로, 조리할 때는 손으로 찢어서 넣
는 것이 좋다.

한방식재료

허브향신료

양식류

채소류·버섯류

과실류

수산류

육류·유제품

조미료·음료

면역력을 강화하여 몸을 보호한다

유채

유채는 특유의 쌉쌀한 맛이 특징이며, 영양가가 풍부한 식재료이다. 베타카로틴을 비롯한 다양한 비타민과 미네랄을 균형 있게 함유하고 있다.

간 기능 개선 및 면역력 향상 등으로 감기와 암 예방 효과가 기대된다.

또한, 기와 혈액의 순환을 개선하여 여드름과 발진 등 피부 트러블을 해결하는 데 도움이 된다.

철분 함량도 풍부하여, 빈혈이 있는 사람에게도 좋다.

 약선 데이터

체질	어열, 양열, 수독
오성	량	오미	신, 감
귀경	폐, 간, 비장

응용 포인트

해열 작용, 이뇨 작용이 있다. 열이 많은 사람의 부스럼에 도움이 된다.

면역력 증진 및 춘곤증 해소에 도움이 된다.

하루 사용량은 300g이 적당하다.

• 고르는 법

제철 : 2~3월

잘려진 부분이 싱싱하고 선명한 초록색이며, 꽃이 피어 있지 않은 것을 고른다.

• 보관법

키친타올에 싸서 꽃 부분을 위로 하여, 냉장고의 야채실에 보관한다.

냉동시킬 경우, 살짝 삶은 후 비닐랩으로 싸서 보관한다.

 함께 먹으면 좋아요

빈혈 예방에

오징어

오징어와 함께 볶음요리를 만든다. 오징어는 혈액을 보양하는 효과가 있으며, 간 기능을 향상시키는 타우린도 풍부하다. 유채의 철분과 다양한 비타민이 복합적으로 작용하여 빈혈 예방에도 효과적이다.

골다공증 예방에

건새우

유채 나물에 건새우를 넣어 칼슘이 풍부한 요리를 만든다.

골다공증 예방뿐만 아니라, 피로 해소에도 도움이 된다.

 주의 하세요

동물 간과 함께 먹지 않는다

유채의 풍부한 비타민이 동물의 간에 의해 파괴될 수 있기 때문에 함께 섭취하지 않는 것이 좋다.

장 기능을 조절하여, 변비를 개선한다

죽순

봄을 대표하는 식재료로 독특한 맛과 식감이 있어서, 중국과 일본 요리에서는 널리 사용된다.

가래를 제거하는 작용뿐 아니라, 소변의 배출을 촉진하고 부종을 개선하는 효과도 있다. 특유의 향기는 위의 기능을 활발하게 하여 소화를 촉진시키는 작용이 있다.

셀룰로스, 리그닌 등의 식이섬유를 풍부하게 함유하고 있어, 변비를 개선하거나 콜레스테롤 흡수를 억제하는 효과도 있으므로 동맥경화 예방에도 추천된다.

약선 데이터

체질	기체, 양열, 수독
오성	한
오미	감, 미고
귀경	위, 대장

응용 포인트

나쁜콜레스테롤 수치를 낮추고, 심장의 기능을 향상시킨다.

가래를 제거하는 작용, 장내가스 제거 작용이 있다.

하루 사용량은 60g 이하가 적당하다.

• 고르는 법

제철 : 4~5월

앞부분은 황색이며 외피는 연한 갈색이고 광택이 있으며, 솜털이 많고 잘린 부위가 싱싱한 것을 고른다.

• 보관법

쌀뜨물로 삶아서 떫은 맛을 뺀 후, 삶은 물을 함께 밀폐용기에 넣고 냉장보관한다.

한번씩 물을 교체해준다.

한방식재료
허브·향신료
양식류
채소류·버섯류
과실류
수산류
육류·유제품
조미료·향료

함께 먹으면 좋아요

우울한 기분 완화에

닭고기

적당한 크기로 썬 생 죽순과 닭고기로 수프를 만든다. 죽순과 닭고기에 함유된 티로신은 뇌속의 물질인 세로토닌의 원료이다.
세로토닌은 마음을 안정시키고 우울한 기분을 완화시킨다.

생활습관병 예방에

샐러리   목이버섯

죽순, 샐러리, 목이버섯으로 볶음요리를 만든다.
이들 재료는 모두 식이섬유가 풍부하여 과다한 지방과 당을 배출시키므로, 생활습관병 예방에 효과적이다.

주의 하세요

콩나물과 함께 끓이지 않는다

죽순에 함유된 옥살산은 콩나물의 칼슘 흡수를 방해한다.

콩나물과 죽순을 끓여서 국물요리를 만들지만, 실제로는 어울리지 않는 조합이다.

스트레스 해소에 효과적

숙주나물

녹두의 싹을 내어 먹는 나물로, 우리나라에서는 콩나물이 주류지만 다른 나라에서는 숙주나물을 많이 먹는다.
우리나라에서는 데친 다음 무쳐서 먹거나 육개장처럼 푹 끓이는 장국류의 재료로 넣는 것 외에는 그다지 조리법이 많지 않아서, 콩나물에 비해 훨씬 먹을 기회가 적은 식재료였다.
최근에는 쌀국수나 라멘 등의 해외 음식에 고명으로 생숙주를 올려 먹는 경우가 많다.

 약선 데이터

체질	양열
오성	량	오미	감
귀경	위

 응용 포인트

섬유소가 풍부하고 열량이 낮아 다이어트 식품으로 좋다.
스트레스 진정 작용, 해열 작용, 이뇨 작용이 있다.
고혈압 조절과 혈관건강에 도움이 된다.

- 고르는 법

  제철 : 연중
  뿌리가 단단하고 잔뿌리가 없으며, 손으로 눌러 보아 물기가 배어 나올 정도로 수분감이 있는 것이 좋다.

- 보관법

  물에 담가 냉장 보관하면 싱싱한 상태를 보다 오래 유지할 수 있다. 3일 정도 보관하며, 보관온도는 1~5℃가 적당하다.

 함께 먹으면 좋아요

열감기에

미역

숙주나물과 미역으로 국을 끓인다. 둘 다 체내의 과다한 열을 제거하는 효과가 있어, 열감기에 추천된다.
몸상태가 좋지 않을 때는 국물만 마셔도 좋다.

변비 해소에

시금치

숙주나물과 시금치는 소화를 촉진하고 변비를 개선하는 재료의 조합이다. 콩나물과 시금치를 삶아 장을 촉촉하게 하는 참기름을 첨가하면 더욱 효과적이다.

 주의 하세요

돼지의 간과는 금기
돼지 간에는 콩나물류의 비타민 C를 파괴하는 성분이 포함되어 있기 때문에 함께 섭취하지 않는 것이 좋다.

숙취 해소에 효과적

콩나물

응용 포인트

숙취 해소, 면역력 향상, 빈혈 예방, 변비 개선
등의 효능이 있다.
혈압 조절 기능이 있어 심장병, 뇌졸중 등 혈
관질환 예방에 도움이 된다.

콩나물은 주로 대두의 싹과 뿌리를 성장시킨 식품을 말하
며, 재료가 되는 대두는 전세계적으로 재배되는 작물이다.
이처럼 대두의 싹을 틔워 먹는 것은 우리나라에서 주로
소비되는 방식이다. 중국과 일본에서는 주로 숙주나물을
먹는다.
콩나물에 풍부하게 함유된 아스파라긴산 성분은 숙취증
상의 주원인인 아세트알데히드를 빠르게 분해하여 숙취
해소에 도움을 준다.

• 고르는 법
제철 : 연중
머리와 줄기가 적당히 통통하고 노란색을 띠며,
검은 반점이 없는 것을 고른다.

• 보관법
흐르는 물에 헹궈 밀폐 용기에 담은 후, 물을 부
어 냉장보관한다.
삶은 콩나물은 밀폐 용기에 담아 냉장보관한다.

함께 먹으면 좋아요

여름더위 해소에

오이

콩나물과 오이를 이용하여 냉국을 만든다.
콩나물은 차가운 성질이어서 여름더위, 발열, 갈증 해소에 도움이
된다.

몸살감기에

양배추   파

배추, 파와 함께 살짝 볶는다.
몸살감기, 근육통, 관절통, 관절 운동장애 등의 해소에 도
움이 된다.

**주의
하세요**

과다 섭취를 하지않는다
콩나물은 서늘한 성질을 가지고 있으므로, 과다 섭취할 경우 복통, 설사, 위장 장애를 일
으킬 수 있다.

심신을 안정시키는 효과가 있다

참나물

베타카로틴이 풍부한 참나물은 특유의 향이 있는 산채나물로 알려져 있다. 잎이 부드럽고 소화가 잘되며, 섬유질이 많아 변비에도 좋다. 향이 기를 순환시켜 자율신경계의 균형을 맞추어준다고 한다.

또한, 혈액순환을 좋게 하는 효과도 있어, 어깨결림이나 피부 트러블 개선에 도움을 줄 뿐만 아니라, 고혈압 예방에도 효과적이다. 스트레스가 많은 사람이나 식욕 부진이 있는 경우에 추천된다.

 약선 데이터

체질	기체, 어혈		
오성	온	오미	신
귀경	간, 비장, 폐		

 응용 포인트

열량이 낮아 다이어트에 좋고, 베타카로틴을 함유하고 있어 안구건조증에도 효과적이다. 뇌 활동을 활성화하며, 신경통과 변비 완화에도 도움이 된다.

• 고르는 법
  제철 : 8월~9월
  잎이 선명한 녹색이며, 향기가 강하고 잘린 부분이 생기가 있는 것을 고른다.
  줄기는 흰색이고 탄력이 있는 것이 좋다.

• 보관법
  젖은 키친타올 등으로 싸서 비닐봉투에 넣어, 냉장고의 야채실에 세워서 보관한다.

 함께 먹으면 좋아요

피부 미용에

참기름

삶은 참나물에 참기름을 곁들여 먹는다.
참나물에 함유된 베타카로틴은 피부 노화를 방지하고, 참기름은 베타카로틴의 흡수를 도와준다.

고혈압 예방에

토마토

참나물과 토마토를 조합하여 샐러드를 만든다.
참나물과 토마토 모두 칼륨이 풍부하여, 상호작용으로 나트륨을 배출하는 데 효과적이다.

주의
하세요

먹기 직전에 조리한다
상온에 오랫동안 방치하면 참나물 특유의 향이 사라지므로, 섭취하기 직전에 조리하여 먹는다.

혈액 순환을 촉진하고, 빈혈을 예방한다

청경채

우리나라에서 사용하는 중국 채소 중 가장 인기가 많다. 몸에 쌓인 열을 제거하고 혈액 순환을 촉진하는 효과가 있으며, 특히 산후 여성의 혈액순환 장애를 개선하는 데 도움이 된다고 알려져 있다.
칼슘 함량이 높아 스트레스 완화와 골다공증 예방에도 효과가 있다. 철분 함유량이 많아 빈혈 예방에도 효과적이며, 항산화작용도 있어 생활습관병과 암예방 효과도 기대할 수 있다.

약선 데이터

체질	어혈, 혈허		
오성	량	오미	신, 감
귀경	폐, 위, 대장		

응용 포인트

비타민 A와 각종 영양소는 면역체계를 항상시켜줄뿐 아니라, 항산화작용도 탁월해 암과 동맥경화, 고혈압 예방에 좋다.
또, 시력 향상에 도움을 준다.

・고르는 법
　제철 : 9~1월
　잎은 녹색이 진하고 탄력이 있으며, 줄기는 연녹색이고 살이 두껍고 넓으며, 절단면이 변색되지 않은 것을 선택한다.

・보관법
　랩으로 싸서 비닐봉지에 넣어 냉장고의 야채실에 세워서 보관한다.
　가능한 빨리 사용하는 것이 좋다.

함께 먹으면 좋아요

고혈압 예방에

두부

청경채와 두부를 조합하여 수프를 만든다.
청경채와 두부는 모두 열을 제거하고 혈액 순환을 개선하는 효과가 있어, 고혈압 예방에 효과적이다.

스트레스 완화에

양파

마음을 차분하게 하는 청경채와 혈액순환을 개선하는 양파를 조합하여 볶음요리를 만든다.
심신불안증을 가라앉히는 데 도움을 준다.

주의하세요

식초, 마늘과 함께 먹지 않는다
약선에서는 식초나 마늘과는 궁합이 맞지 않는 것으로 알려져 있어, 함께 섭취하지 않는 것을 권장한다.

발한 작용으로 감기를 예방한다

파

파는 발한 작용이 있어 몸을 따뜻하게 하여, 기와 혈액 순환이 원활하게 한다.
초기 감기증상이나 냉증 개선에 효과적이며, 오래 전부터 한약재로도 널리 사용되었다.
위장의 기능을 조절하고 해독작용도 있다고 알려져 있어, 변비나 설사 예방에도 좋다.
특유의 매운 맛은 황화알릴이라는 성분이며, 면역력을 향상시키고 동맥경화를 예방하는 효과도 있다.

 약선 데이터

체질	양허, 기체
오성	온	오미	신
귀경	폐, 위

 응용 포인트

발한 작용, 붓기 제거 작용이 있다.
초기 감기, 두통, 코막힘, 얼굴 붓기에 도움이 된다.
하루 사용량은 50g 이하가 적당하다.

• 고르는 법
제철 : 11~2월
대파는 녹색과 흰색의 경계가 선명하게 구분되고, 흰색 부분이 긴 것이 좋다.
쪽파는 녹색이 짙고 잎끝이 싱싱한 것이 좋다.

• 보관법
키친타올에 싸서 냉암소에 보관한다.
사용 중인 파는 비닐랩에 싸서 냉장고의 야채실에 보관한다.

 함께 먹으면 좋아요

초기 감기에

깻잎

잘게 썬 파와 술을 조금 섞은 된장을 깻잎으로 싸서 먹는다.
파와 깻잎 모두 발한 작용이 있어, 몸의 한기를 풀어주므로 초기 감기증상에 효과적이다.

냉증 개선에

새우

파와 새우로 볶음요리를 만든다. 둘 다 기를 돌리고 몸을 따뜻하게 하는 원동력인 양기를 보양하는 식재료이다.
냉증이 있는 사람에게 추천할만한 조합이다.

주의 하세요

꿀과 함께 먹지 않는다
생파와 꿀을 함께 섭취하면 메스꺼움이나 설사를 유발할 수 있으므로 주의해야 한다.
꿀이 체질에 맞지 않아 알레르기를 유발할 수도 있다.

장 속의 노폐물을 체외로 배출한다

곤약

곤약은 글루코만난이라는 식이섬유를 풍부하게 함유하고 있어 장 조절 기능이 탁월하며, 소화불량이나 변비 개선에 효과적이다.

약선에서는 이뇨 작용이 있다고 알려져 방광염이나 요로결석 치료에 사용된다.

글루코만난은 장 속의 노폐물과 독소를 체외로 배출하는 작용도 있어, 비만 개선과 생활습관병 예방에도 효과적이다.

햇빛식재료

허브향신료

육식류

채소류·버섯류

과실류

수산류

곡류·유제품

조미료·음료

 약선 데이터

체질	기체, 수독
오성	한	**오미** 감, 신
귀경	비장, 폐, 위, 대장

 응용 포인트

붓기를 제거하는 작용, 염증을 제거하는 작용이 있다.
독성이 있어 과식에 주의한다.
하루 사용량은 15g 이하가 적당하다.

• 고르는 법
　제철 : 11~1월
　탄력이 적당히 있고, 너무 부드럽지 않은 것을 고른다.
　최근에 만든 것을 선택한다.

• 보관법
　봉지에 넣은 채로 냉장고에 보관한다.
　봉지 안에 있는 석회수와 함께 냉장 보관하면 세균 번식을 방지할 수 있다.

 함께 먹으면 좋아요

변비 해소에

톳

곤약과 톳을 조합하여 볶음요리를 만든다.
곤약과 톳 모두 식이섬유가 풍부하여, 장 청소에 도움이 된다.
또, 변비 해소에도 도움이 된다.

콜레스테롤이 걱정될 때

연근　　고추

콜레스테롤 억제작용이 있는 곤약과 혈류 촉진작용이 있는 연근으로 볶음요리를 만든다. 곤약과 연근은 찬 성질이기 때문에, 체온을 올리는 고추를 추가한다.

주의 하세요

과식하지 않도록 주의한다
곤약은 식이섬유가 풍부한 음식이다.
과다섭취 시 복부팽만, 속부글거림 증상이 나타날 수 있다.

베타카로틴의 보고

당근

혈액을 보양하고 간 기능을 정상화하여, 빈혈이나 야맹증을 예방한다.
눈의 피로와 시력 저하 개선에도 효과가 있다.
또한, 비장의 기능을 향상시켜 식욕부진, 설사, 변비 개선에도 효과가 있다.
베타카로틴 함량이 풍부하여 항산화작용이 강하며, 면역력을 향상시키고 암 예방 및 노화방지 효과도 기대된다.

 약선 데이터

체질	기체, 음허
오성	평	오미	감
귀경	폐, 비장, 간

 응용 포인트

이유식에 좋은 식재료이다.
소화를 촉진하고 눈을 맑게 하며, 가래를 제거하는 작용이 있다.
생으로 먹으면 위를 손상할 수 있다.
하루 사용량은 120g 이하가 적당하다.

• 고르는 법
  제철 : 4~7월, 11~12월
  색이 선명하고 겉껍질에 탄력이 있는 것이 좋다.
  줄기의 절단면(심 부분)이 크면 딱딱하므로 작은 것을 선택한다.

• 보관법
  습기에 약하므로, 수분을 닦고 키친타올로 싸서 냉암소에 보관한다. 여름철이라면 비닐봉지에 넣어 냉장고의 야채실에 보관한다.

 함께 먹으면 좋아요

눈의 피로 개선에

건포도

당근과 건포도로 샐러드를 만든다.
당근의 베타카로틴과 건포도의 안토시아닌은 모두 눈의 피로를 개선한다.

빈혈 예방에

소고기

당근과 소고기로 볶음요리를 만든다. 두 재료 모두 혈액 보양에 도움이 되는 재료이므로, 상호작용하여 빈혈 예방에 효과적이다.
간장이나 소금으로 맛을 조절한다.

주의
하세요

기름을 사용해 조리하면 좋다
지용성인 베타카로틴은 기름과 함께 섭취하면 흡수율이 높아진다.
또한, 가열에 의해서도 흡수율이 높아진다.

염증이나 궤양치료에 효과적

더덕

더덕은 잎이나 뿌리를 잘랐을 때 나오는 흰 유액 때문에 양유근(羊乳根)이라고도 한다.

염증, 비만, 고혈압, 치매 등에 효과가 있는 것으로 알려져 있다.

염증과 비만은 더덕이 함유하고 있는 란세마사이드라는 사포닌에 의한 것이라고 한다.

이 성분은 치매에도 효과가 있는 것으로 알려져 있다.

 약선 데이터

체질	기허, 음허		
오성	평	오미	감, 신
귀경	폐, 비장		

 응용 포인트

보기 작용, 보음 작용, 염증 제거작용이 있다.
만성피로, 피로 원인의 두통 어지러움, 염증 제거에 도움이 된다.
초기 감기에는 피한다.
하루 사용량은 생것 120g이 적당하다.

•고르는 법
굵고 곧게 뻗은 것, 단단하고 시들지 않고 탱탱한 것, 향이 좋은 것을 선택한다.
머리 쪽이 무르지 않고 단단하며, 향이 진한 것을 고른다.

•보관법
젖은 키친타올로 싸서 냉장실에 보관하며, 얼지 않게 주의한다. 껍질을 제거한 것은 가능하면 빨리 섭취하는 것이 좋다.

 함께 먹으면 좋아요

피로 회복에

대추

대추와 말린 더덕을 우려 차로 만든다
대추와 더덕은 모두 기운을 보태어 주는 효능이 있어 피로 회복에 도움을 준다.

갱년기 증상에

쌀조청

쌀조청으로 더덕정과를 만든다
더덕과 쌀의 기운을 보태는 작용이 갱년기의 만성피로, 건조증에 도움이 된다.

 주의 하세요

과식하지 않는다
몸이 찬 사람이 너무 많이 먹으면 설사, 복통, 위장장애 증상이 나타날 수 있으므로 적당량을 섭취한다.

한방 식재료
외국 향신료
양념류
채소류·버섯류
과실류
수산류
곡류·콩·견과류
조미료·기타

가래 제거에 효과적

도라지

약선 데이터

체질	수독		
오성	평	오미	고, 신
귀경	폐, 위		

도라지는 쌈싸래한 맛을 내는 사포닌의 작용으로 인해 진해, 거담제로 사용된다. 사포닌은 감기 등과 같은 바이러스 질환으로부터 몸을 보호해준다.

가래를 없애는 작용이 뛰어나며, 염증이나 궤양을 억제하며 면역기능을 향상시키는 효과가 있어 호흡기질환에 광범위하게 사용된다.

약효 면에서는 재배종보다 야생종이, 흰 꽃보다 보라색 꽃을 피우는 쪽이 더 좋다.

 응용 포인트

가래 제거작용, 인후부 통증제거 작용이 있다. 가래가 많은 기침, 인후통에 도움이 된다.

마른기침, 객혈에는 적당하지 않다.

과용을 주의한다.

하루 사용량은 건조품 10g이 적당하다.

• 고르는 법

제철 : 7~9월

뿌리가 가늘고 짧으며 잔뿌리가 많고 원뿌리가 인삼처럼 2~3개 갈라진 것이 좋다.

껍질에 흙이 많이 묻어 있는 것이 좋다.

• 보관법

생 도라지는 키친타올에 싸서 햇볕이 없는 서늘한 곳에 보관한다. 깐 도라지는 채반이나 소쿠리에 겹치지 않게 둔 후, 통풍이 잘되는 곳에 둔다.

 함께 먹으면 좋아요

가래가 심할 때

갈근

끓여서 탕으로 마신다.

근육통이 심하면서 가래가 끓을 때, 도라지와 칡뿌리를 함께 끓여서 마시면 근육통이 빨리 해소될 뿐 아니라 가래도 삭여준다.

가래 기침에

무청

올리브 오일

무청과 도라지를 데쳐서 올리브 오일로 드레싱한다.

편도선부종 통증, 가래 기침에 도움이 된다.

주의 하세요

돼지고기와 함께 섭취하지 않는다

돼지고기와 함께 섭취하면 돼지고기의 성분이 도라지에 풍부한 사포닌의 약효를 떨어뜨릴 수 있다.

위장 장애나 목의 통증에 효과적

무

무에는 소화 효소인 아밀라아제가 풍부하여, 위장 상태를 조절하는 데 도움이 된다. 체내에 쌓인 과도한 열을 낮추거나 폐를 촉촉하게 하는 효과도 있어 감기로 인한 열, 목의 통증, 기침, 가래 개선에도 효과적이다.

무는 칼륨이 풍부하며, 이뇨 작용이 있어 복부 팽만감이나 부종이 있는 사람에게도 추천된다.

또한, 무잎에는 비타민 C가 풍부하게 함유되어 있어 함께 활용하는 것도 좋다.

약선 데이터

체질	기체, 양열, 수독
오성	량	오미	신, 감
귀경	폐, 위, 비장, 대장

응용 포인트

무에 들어있는 시니그린 성분은 체내 기관지 점막 기능을 강화해서 기침 증상을 완화하고, 가래를 묽게 해주는 효과가 있다.
하루 사용량은 100g 이하가 적당하다.

- 고르는 법
  제철 : 11~3월, 7~8월
  뿌리 윗부분이 밝은 녹색이고 묵직하며, 수염뿌리의 구멍이 깊지 않은 것을 선택한다.

- 보관법
  뿌리와 잎은 따로 젖은 키친타올로 싸서 냉암소에 보관한다.
  자른 무는 랩으로 싸서 냉장고의 야채실에 보관한다.

함께 먹으면 좋아요

생활습관병 예방에

바지락

무와 바지락으로 볶음요리를 만든다. 이 두 재료는 모두 몸속의 열을 낮추고 과잉한 당분과 지방을 배출하는 효과가 있어, 생활습관병 예방에 효과적이다.

목의 염증 완화에

꿀

무를 갈아서 짜낸 즙에 꿀을 첨가한다.
두 재료는 모두 폐를 촉촉하게 해주며, 목의 염증과 건조를 완화하는 효과가 있다.

주의
하세요

인삼과 함께 섭취하지 않는다
인삼은 기를 돋구어주지만 무우는 반대로 기를 끌어내리기 때문에, 함께 먹으면 인삼의 약효가 떨어진다.

한방식재료

허브·향신료

육수류

채소류·버섯류

과일류

수산류

육류·유제품

조미료·향료

불안감이나 짜증을 진정시킨다

백합

백합뿌리에는 폐와 목을 촉촉하게 하고 부족한 체액을 보충하는 효능이 있다.

기침 억제와 목의 건조 개선에 도움이 되는 식재료이다. 심장의 열을 가라앉히고 긴장된 마음을 안정시키는 작용이 있어 불면증, 불안감, 짜증 등을 완화하는 데 효과적이다.

피부에 수분을 공급하는 효과도 있어, 피부 건조와 주름 등 피부 문제가 있는 사람들에게도 추천된다. 위장의 기능을 조절하여 변비와 설사 개선에도 도움을 준다.

 약선 데이터

체질	음허
오성	량
오미	감, 고
귀경	심장, 폐

 응용 포인트

폐의 열을 내리고 가래를 제거하는 작용, 정신을 안정시키는 작용이 있다.
마른 기침, 정신불안, 스트레스성 불면증에 도움이 된다.
하루 사용량은 15g이 적당하다.

• 고르는 법
제철 : 11~2월
보라색이 도는 것은 쓴 맛이 강하므로, 외관이 흰색이고 외부에 상처가 없는 것을 선택한다.
비늘이 큰 것일수록 식감이 부드럽다.

• 보관법
습기가 많은 톱밥 속에 넣어두거나, 키친타올에 싸서 비닐봉지에 넣어 냉장고의 야채실에 보관한다.

 함께 먹으면 좋아요

불면증 개선에

연실

백합뿌리와 연실로 수프를 만든다. 연실은 백합뿌리와 마찬가지로 마음을 안정시키는 효과뿐만 아니라, 자양강장 및 피로회복 효과도 기대할 수 있다. 정신적 피로로 인한 짜증과 불안을 진정시킨다.

기침 해소에

꿀

백합의 뿌리에 꿀을 첨가하여 끓인다. 꿀에는 항균, 살균 효과뿐만 아니라, 백합뿌리와 마찬가지로 폐를 촉촉하게 하고 염증을 완화하는 작용이 있다.

주의
하세요

감과 백합뿌리는 함께 먹지 않는다
감과 함께 섭취하는 것은 좋지 않은 조합이다. 둘 다 몸을 차게 하는 식재료이기 때문에, 복통이나 설사를 일으킬 수 있다.

기, 혈, 수액의 순환을 원활하게 한다

비트

비트는 시금치와 같은 명아주과 식물의 비대한 뿌리이다.
기운, 혈액 및 수분의 순환을 원활하게 하고, 위장의 기능
을 조절하여 소화불량을 개선한다.
또한, 열을 내리고 수분을 보충하여 열로 인한 식욕 부진,
기침, 가래 및 목의 갈증을 완화시키는 효과도 있다.
혈액 순환에도 도움이 되며, 지혈작용도 있기 때문에 코나
잇몸의 출혈 등에도 효과가 있다.
붉은 색소는 항산화작용이 있는 베타시아닌이다.

약선 데이터

체질	기체, 수독
오성	평	오미	감
귀경	폐, 비장, 위

응용 포인트

장운동을 촉진하여 복부평만감 해소에 도움
이 된다.
담즙을 간과 소장을 통해 쉽게 흐를 수 있게
하여 간의 독소를 제거하는 데 도움을 준다.
하루 사용량은 30g 이하가 적당하다.

- **고르는 법**
  제철 : 6~7월, 11~12월
  손바닥에 올라오는 크기이고 무게감이 있으며,
  단단한 것을 고른다.
  잎이 달린 경우에는 시들지 않은 잎이 있는 것을
  선택한다.

- **보관법**
  비닐봉지 등에 넣어 냉장고에서 보관한다.
  잎이 달린 경우에는 따로 잘라서 보관한다.

함께 먹으면 좋아요

기침과 가래 해소에

배와 비트에 물을 넉넉하게 넣고 부드러워질 때까지 끓
여서 실온에서 식힌 후, 즙을 섭취한다.
기침과 가래 해소에 효과가 있다.

배   빙당

위장이 약한 사람에게

함께 끓여서 수프를 만든다.
다른 식재료들이 비트의 찬 성질을 완화시키므
로, 과도한 체온 저하를 방지할 수 있다.

소고기   당근   양파

**주의
하세요**

혈당이 높은 사람은 주의한다
비트는 다른 품종인 사탕무에서 설탕을 추출할만큼 당질이 많다.
또, 성질이 서늘하기 때문에 장기 과량 복용은 피한다.

한방식재료
허브·향신료
안식류
채소류·버섯류
과실류
수산류
육류·유제품
조미료·음료

장 기능을 조절하는 효능이 우수하다

순무

약선 데이터

체질　기체, 수독

오성　　온　　오미　신, 감, 고

귀경　위, 심장, 폐, 비장

응용 포인트

소화 촉진, 붓기 제거 작용이 있다.
식체, 냉감복통에 도움이 된다.
알싸한 맛을 내는 성분이 항산화작용을 돕는
다. 복부 팽만감을 유발 할 수 있어 과식에 주
의한다.

• 고르는 법
　제철 : 3~5월, 10~12월
　잎의 녹색이 신선하고 뿌리가 흰색이며 광택이
　있는 것이 좋다.
　수염뿌리가 많이 붙어 있는 것을 선택한다.

• 보관법
　잎으로 습기가 증발하기 때문에 젖은 키친타올로
　포장하여, 뿌리는 비닐봉지에 넣어 냉장고의 야
　채실에 보관한다.

소화 효소인 아밀라제를 다량으로 함유하고 있으며, 장
기능 조절이 우수한 식재료이다.
가슴이나 복부의 냉기로 인한 통증을 완화시키며, 소화불
량이나 변비에도 추천된다.
또한, 머리로 치솟는 기운을 내려주는 효과가 있어 고혈
압, 짜증, 두통 등의 개선에도 효과가 기대된다.
순무의 잎도 무와 마찬가지로 비타민 C가 풍부하다.

함께 먹으면 좋아요

변비 해소에

유부

순무에는 소화를 돕는 효과가 있다. 유부의 식이섬유와 기름이 함께
하면 장을 촉촉하게 하여 변비를 개선할 수 있다.
함께 끓여서 약간 걸쭉하게 하면 먹기 편하다.

식욕 증진에

훈제연어

순무와 훈제 연어로 프랑스식 절임요리인 마리네를 만든다.
순무가 위장의 작용을 도우므로, 연어의 식욕을 촉진하는 효과를 더
욱 강화시킨다. 신맛이 더해져서 더욱 식욕이 돋게 한다.

주의
하세요

잎과 껍질을 버리지 않는다
순무의 잎에는 비타민 C, 베타카로틴 및 미네랄이 풍부하게 함유되어 있다.
또한 껍질에도 영양소가 있으므로 버리지 말고 이용한다.

생활습관병 예방에 효과적

양파

양파에는 기와 혈액의 순환을 좋게 하여 몸을 따뜻하게 하는 작용이 있다. 생것은 매운 맛이 나지만 가열하면 달콤해지는 것이 특징이다.

특유의 매운 맛은 황화알릴이라는 성분으로 신진대사를 활발하게 하여 피로회복을 촉진하는 작용을 한다.

또한, 몸속의 과잉 나트륨을 배출하여 고혈압과 동맥경화를 예방하는 효과도 기대할 수 있다.

위의 기능을 향상시키므로 소화 촉진에도 좋다.

 약선 데이터

체질	수독
오성	온
오미	신, 감
귀경	폐, 간

 응용 포인트

가래를 제거하는 작용, 이뇨 작용, 발한 작용이 있다.

지방 분해 효과가 있어 다이어트에 좋고, 몸에 나쁜 활성산소의 발생을 억제한다.

하루 사용량은 60g 이하가 적당하다.

• 고르는 법

제철 : 봄양파 4~5월, 가을양파 9~11월
손으로 눌렀을 때, 중심부가 단단하고 윤기가 있는 것을 선택한다.
연한 것은 내부가 썩어 있을 가능성이 있다.

• 보관법

통풍이 잘 되는 냉암소에 보관한다.
망에 넣어서 매달아두면 더 오래 보존할 수 있다.

 함께 먹으면 좋아요

혈전 예방에

 식초

양파를 식초에 재워두고 먹는다. 양파의 황화알릴과 식초의 구연산이 혈액의 흐름을 개선하는 효과를 발휘한다.
생활습관병 예방을 위해 상시 반찬으로 준비하는 것이 좋다.

식욕 증진에

 감자   된장

소화 기능을 향상시키는 된장과 감자를 조합하여 된장국을 만든다. 모두 기를 보양하는 효과가 우수하다.
된장은 소화기능을 높이는 외에, 향이 식욕을 촉진시킨다.

주의 하세요 물에 담그는 시간은 가능하면 짧게

물에 너무 오랫동안 담그면 양파에 포함된 황화알릴이 빠져나갈 수 있으므로, 물에 담그는 시간은 2~3분 이내로 한다.

인후통, 기침, 가래를 완화시킨다

연근

연근은 체내에 쌓인 과도한 열을 식히고 몸을 촉촉하게 하며, 혈액순환을 개선하는 효과가 있다.

껍질째 갈아서 만든 주스는 인후통, 기침, 가래 완화에 좋다고 알려져 있으며, 옛날부터 민간요법으로도 사용되었다.

또한 위장점막을 보호하거나 출혈을 멈추는 효과도 있어, 위장 통증, 염증, 잇몸 출혈, 코피 멈춤 등에 좋다.

약선 데이터

체질	양열		
오성	한	오미	감
귀경	비장, 심장, 위		

응용 포인트

연근의 주요 효능은 피를 멈추게 하는 지혈작용과 염증을 줄이는 소염작용, 보습작용이 있다.

열성질병 원인의 갈증, 각종 출혈에 도움이 된다.

- 고르는 법
  제철 : 11~3월
  껍질이 탄력 있고, 마디와 마디 사이가 긴 원기둥 형태인 것이 좋다.
  잘린 부분이 싱싱한 것을 선택한다.

- 보관법
  키친타올에 싸서 비닐봉지에 넣어 냉장고의 야채실에 보관한다. 잘린 부분은 비닐랩으로 싸서 냉장보관한다.

함께 먹으면 좋아요

생활습관병 예방에

샐러리 　사과

살짝 삶은 연근, 신선한 샐러리, 사과를 조합하여 샐러드를 만든다. 이들 재료는 모두 불용성식이섬유가 풍부하여 혈당 상승을 억제하는 효과가 있다.

위장의 상태가 좋지 않을 때

닭고기

연근과 닭가슴살로 볶음요리를 만든다. 둘 다 위장의 작용을 활성화하여 소화를 촉진하는 작용이 있으므로, 약해진 위장의 기능을 회복시키는 데 효과적이다.

주의하세요

철제 냄비로 삶지 않는다
철제 냄비로 삶으면 연근이 산화되어 검게 변할 수 있으므로, 유리나 도자기 냄비를 사용하여 삶는다.

풍부한 식이섬유가 장 기능을 조절한다

우엉

중국에서는 옛부터 약재로 사용되어 왔으며, 특히 종자는 '우방자'라고 불리며 목의 통증 치료약으로 사용된다.
해독, 발한, 이뇨 작용이 뛰어나다.
몸속의 노폐물을 제거하며, 감기 예방에도 효과가 있다.
불용성 및 수용성 식이섬유가 풍부하게 함유되어 있어, 장 기능을 조절하는 효과를 발휘한다.
변비를 개선하고 지질대사를 촉진하여 동맥경화 예방에 효과적이라고 알려져 있다.

 약선 데이터

체질	양열		
오성	한	오미	신, 고
귀경	폐, 위		

 응용 포인트

해열 작용, 인후부를 편하게 하는 작용이 있다.
열성 감기, 인후부 통증에 도움이 된다.
하루 사용량은 25g이 적당하다.

• 고르는 법
제철 : 11~1월, 4~5월
수염뿌리와 갈라짐이 적고, 굵기가 균일한 것을 선택한다. 건조에 약하므로, 가능하면 흙이 묻은 것을 구입한다.

• 보관법
흙이 묻은 것은 젖은 키친타올에 싸서 냉암소에 보관한다. 세척한 것은 비닐봉지에 넣어 냉장고의 야채실에 보관한다.

 함께 먹으면 좋아요

변비 해소에

참깨

우엉을 삶아서 소금이나 간장으로 밑간을 한 다음, 참깨를 넣어 우엉 요리로 만든다. 우엉의 식이섬유와 참깨의 장을 윤택하게 하는 효과가 상호작용하여 변비를 해소한다.

생활습관병 예방에

양파

양파와 함께 수프를 만든다.
우엉의 콜레스테롤 감소 효과와 양파의 혈액을 맑게 하는 효과가 기대된다.

주의
하세요

해조류와 함께 섭취하지 않는다
우엉의 식이섬유는 미네랄의 흡수를 방해하기 때문에, 해조류 등 미네랄이 풍부한 식재료와 함께 섭취하지 않는 것이 좋다.

한방식재료
한방향신료
육식류
채소류·버섯류
난식류
수산류
육류·유제품
곡류·콩류

몸의 열을 식히고, 열오름을 없앤다

가지

체온을 낮추는 성질이 강하며, 비장을 튼튼하게 하고 위장의 기능을 촉진시키는 등 더위 타거나 식욕이 없을 때 추천되는 식재료이다.

이뇨작용이 뛰어나서, 부종 개선에도 효과가 있다.

또한, 가지 특유의 보라색 색소 성분인 나스닌은 활성산소의 작용을 억제하고, 암이나 동맥경화 등을 예방하는 효과가 기대된다.

 약선 데이터

체질	양열, 어혈, 수독
오성	량 / 오미 감
귀경	비장, 위, 대장

 응용 포인트

장염, 피부염에 도움이 된다.
몸이 차가운 사람은 피한다.
익혀 먹는 것을 권장한다.
하루 사용량은 30g 이하가 적당하다.

• 고르는 법
  제철 : 6~9월
  껍질에 광택이 있고, 열매가 통통하게 잘 익은 것을 고른다. 꼭지의 가시가 단단한 것이 신선하다.

• 보관법
  저온에 약하기 때문에, 키친타올에 싸서 실온에서 보관한다.
  냉장고에 보관할 경우, 비닐봉지에 넣어 야채실에 보관한다.

 함께 먹으면 좋아요

여름더위 해소에

고추

가지는 위장의 기능을 활성화시켜, 더위로 인한 몸의 열을 식히는 데 도움을 준다. 과도한 체온 강하를 방지하기 위해, 오히려 몸을 따뜻하게 해주는 고추와 함께 섭취한다.

비만 예방에

버섯

식이섬유가 풍부한 버섯과 함께 볶음요리를 만든다.
가지와 버섯은 모두 저칼로리이므로 다이어트에 적합한 식재료이다.

 주의 하세요

냉증이 있는 사람은 과식을 피한다
가지는 체온을 낮추는 효과가 강하기 때문에, 과식하면 과도하게 체온이 낮아져 소화장애를 일으킬 수 있다. 체온저하 증상이 있는 사람이나 위장이 약한 사람은 주의한다.

해열 및 부종 완화에 효과적

동과

응용 포인트

열을 내리고 이뇨 작용과 해독 작용을 하여,
붓기를 제거하고 소변 배출을 원활하게 한다.
만성 설사에는 피한다.
하루 사용량은 120g 이하가 적당하다.

여름 제철 식재료로 겨울까지 보관할 수 있어 붙여진 이
름이다. 여름 식재료답게 몸에 쌓인 열을 이뇨작용으로
제거하여 부종을 개선한다. 여름더위 해소에 효과적이다.
풍부한 칼륨이 나트륨 배출을 촉진하여 혈압을 조절하므
로 고혈압 환자에게 추천된다.
또한, 강력한 이뇨작용이 있어 부종 해소에도 좋다.
항산화작용이 있는 비타민 C가 풍부하다. 닭고기 등과 수
프를 만들어 먹으면 콜라겐 흡수율이 높아진다.

• 고르는 법
  제철 : 7~9월
  속이 꽉 차고 완전히 익은 것을 선택한다.
  표면에 흰 가루가 묻어있다면, 완전히 익은 것
  이다.

• 보관법
  수확한 채로 냉암소에서 겨울까지 보관할 수 있
  다. 자른 것은 비닐랩으로 싸서 냉장고 야채실에
  보관한다.

함께 먹으면 좋아요

피로 회복에

생강

닭고기

찬 성질의 동과에 따뜻한 성질의 닭고기를 조합하여 수프를
만든다. 동과는 체내에 쌓인 열을 제거하고, 닭고기는 기와
혈액의 순환을 촉진하여 피로를 회복시킨다.

여름피로 해소에

두부

동과와 두부를 함께 볶는다. 모두 체온을 낮추는 효과가 있어, 더
운 날씨로 인해 뜨거워진 몸을 식혀준다. 땀으로 손실된 비타민 B1
을 두부로 보충해준다. 비타민B1은 식욕증진, 피로회복에 필수적.

주의
하세요

냉증이 있는 사람은 적당량을 섭취한다
동과는 몸을 식히는 효과가 강하기 때문에, 몸이 찬 사람이나 위장이 약한 사람은 적당
량을 섭취해야 한다.

해열, 이뇨 작용이 우수하다

수박

약선 데이터

체질	양열, 음허, 수독
오성	한
오미	감
귀경	심장, 위, 방광

응용 포인트

수박은 몸의 열을 식혀주는 해열 작용이 우수하다.

해열 작용, 진액 생성 작용, 이뇨 작용이 있다. 열사병, 갈증, 탈수증, 배뇨이상, 구내염에 도움이 된다.

• 고르는 법
  제철 : 7~8월
  껍질이 윤기가 나고, 녹색과 검은색의 대조가 뚜렷한 것이 좋다. 속은 전체적으로 선명한 붉은색을 띠며, 씨앗이 윤기 있는 검은색인 것이 좋다.

• 보관법
  통째로는 직사광선이 닿지 않는 서늘한 곳에 보관한다. 자른 것은 비닐랩으로 싸서 냉장고의 야채실에 보관한다.

몸속에 쌓인 열을 식혀주어, 짜증을 가라앉히고 갈증을 해소한다. 구내염이나 발열 후의 수분 보충에도 적합하다. 더위로 지치거나 일사병으로 몸이 뜨겁고 머리가 무거울 때도 효과가 있다.

풍부한 칼륨의 작용으로 나트륨 배출을 촉진하여, 부종을 개선하고 혈압을 낮추며 동맥경화를 예방하는 효과도 기대할 수 있다.

함께 먹으면 좋아요

열사병 예방에

레몬

소금

수박주스에 레몬주스와 약간의 소금을 넣는다. 수박은 몸속에 쌓인 열을 식히고, 레몬은 체액을 증가시키며, 소금은 전해질을 보충한다.

여름피로 해소에

돼지고기

수박 껍질과 돼지고기를 끓여서 수프를 만든다.
수박은 체온을 낮추며, 돼지고기의 비타민 종류가 여름피로를 회복시킨다.

주의 하세요

튀김 디저트와 함께 먹지 않는다

기름진 튀김을 먹어서 위에 부담이 있을 때, 수박을 먹으면 위가 차가와져서 설사를 유발할 수 있다. 위장에 좋지 않은 조합으로 알려져 있다.

쓴맛이 여름더위를 해소시킨다

여주

여주는 비타민 C와 미네랄이 풍부하게 함유하고 있다.
여주에 포함된 비타민 C는 열을 가열하더라도 거의 파괴
되지 않는 특징이 있다.
몸의 열을 내리는 효능이 있어, 여름더위 해소에도 좋은
식재료이다.
쓴맛 성분 모모르데신은 해독 작용과 혈당을 낮추는 효과
가 있으며, 변비 개선뿐 아니라 당뇨병 예방 및 항암 효과
도 기대할 수 있다.

약선 데이터

체질	양열		
오성	한	오미	고
귀경	심장, 비장, 폐		

응용 포인트

당뇨에 좋은 음식으로 많은 사람에게 주목을
받고 있다.
여름 더위와 갈증을 해소한다.
배가 차갑고 소화기능이 저하된 사람이 섭취
시, 설사를 유발할 수 있다.

• 고르는 법
  제철 : 7~9월
  짙은 녹색이고 탄력이 있으며, 작지만 묵직한 것
  이 좋다.

• 보관법
  건조에 약하므로 비닐봉지에 넣어 냉장고의 채
  소칸에 보관하거나, 젖은 키친타올에 싸서 냉암
  소에 보관한다.

함께 먹으면 좋아요

디톡스에
파인애플과 함께 주스를 만들어 섭취한다. 여주의 모모르데신과 파인애플의 식이섬유가 변비를 개선하는 효 과를 발휘한다.

 파인애플

여름피로 해소에
여주와 피로회복 효과가 있는 비타민 B1이 풍부한 돼지고기로 볶 음요리를 만든다. 땀을 많이 흘려 체력이 고갈되었을 때 먹으면 좋다

 돼지고기

**주의
하세요**

우엉과 함께 섭취하지 않는다
여주와 우엉을 함께 섭취하면, 소화가 잘 안되고 위장의 상태가 나빠져 설사를 유발할
수 있다고 한다

한뿌식재료

해조·향신료

양식류

채소류·버섯류

과실류

수산류

육류·유채품

조미료·음료

고혈압 또는 여름 더위 예방에

오이

오이는 95%가 물로 이루어져 있다.

이뇨작용에 의해 체내의 과다한 열을 제거하고, 더운 몸과 갈증을 해소하는데 도움이 된다.

여름더위 예방에 좋으며, 소변이 잘 나오지 않는 사람이나 부종이 있는 사람이 사용하면 좋다.

또한, 풍부한 칼륨은 체내의 과다한 나트륨을 배출하여 혈압을 정상적으로 유지하는 역할을 하므로, 고혈압 예방에도 효과적이다.

 약선 데이터

체질	양열, 수독		
오성	량	오미	감
귀경	비장, 위, 대장		

 응용 포인트

오이의 칼륨은 나트륨염을 배출시키는 작용을 하고, 이때 몸속의 노폐물이나 중금속이 함께 배출된다.

갈증 해소 및 이뇨 작용이 있다.

몸이 차가운 사람은 과식을 피한다.

• 고르는 법

제철 : 6~8월

전체적으로 짙은 초록색이며, 광택이 있고 사마귀 모양의 돌기가 있는 것이 신선하다.

• 보관법

수분이 많아서 너무 차게 보관하면, 얼어서 상하기 쉽다.

키친타올로 싸고 추가로 비닐봉지에 넣어, 냉장고의 야채실에 세워서 보관한다.

 함께 먹으면 좋아요

고혈압 예방에

목이버섯

칼륨을 많이 함유한 오이와 혈액순환 효과가 있는 목이버섯으로 수프를 만든다.

오이와 목이버섯 모두 고혈압 예방에 효과적인 식재료이다.

여름피로 해소에

고등어

구운 고등어를 살을 발라서 강판에 간 오이와 섞어 식초로 양념한다. 오이는 체온을 낮추고 고등어의 비타민 B1은 피로회복에 도움을 준다.

 주의 하세요

껍질은 벗기지 않고 먹는다

오이의 껍질에는 비타민 A가 풍부하게 함유되어 있다. 따라서 껍질은 벗기지 않고 그대로 섭취하는 것이 좋다.

위장 기능을 도와, 배변을 촉진한다

오크라

오크라는 베타카로틴을 비롯하여 다양한 비타민과 식이 섬유가 풍부한 식재료이다.

특유의 끈적한 성분은 수용성 식이섬유인 펙틴과 당단백 질이다.

펙틴은 변비 개선이나 혈당상승 억제 등의 효과가 있다.

당단백질은 단백질 흡수를 돕는 역할을 하여, 피로회복 및 영양강화에도 효과적이다.

약선 데이터

체질	기체, 양열

오성	한	오미	미감

귀경	심장, 폐

응용 포인트

마처럼 끈적끈적한 성분은 뮤신인데 단백질 의 소화 촉진, 몸속 콜레스테롤 수치저하, 아 토피 개선, 위벽 보호, 해독 등의 효과가 있다. 하루 사용량은 50g이 적당하다.

- 고르는 법

  제철 : 7~9월

  녹색이 진하고 선명한 것이 신선한 것이다.

  너무 자란 것은 맛이 떨어지므로 그다지 크지 않 은 것을 선택한다.

- 보관법

  저온에 약하므로 너무 차갑게 보관하지 않도록 주의한다. 비닐봉지에 넣거나 키친타올에 싸서 냉장고의 야채실에 보관한다.

함께 먹으면 좋아요

식욕 증진에

 닭고기   감자

오크라, 닭고기, 감자를 함께 끓여 조림을 만든다. 이 재료들은 위장의 기능을 끌어올리고 기운을 보충 하는 효과가 있어 식욕을 증진시킨다.

변비 해소에

 청국장

데쳐서 잘게 썬 오크라와 청국장을 섞는다. 오크라와 청국장은 변비를 개선하는 미끈한 성분을 함유하고 있어, 상호작용으로 효능을 향상시킨다.

주의 하세요

설사가 날 때는 먹지 않는다

성질이 차갑기 때문에, 설사증상이 있는 경우에 많이 섭취하면 증상이 악화될 수 있다.

한방 식재료

약념·향신료

육식류

채소류·버섯류

과실류

수산류

곡류·콩제품

조미료·음료

여름더위 해소에 효과적

참외

참외는 향이 좋은 과채로 육질이 아삭하며 과즙이 많아 여름의 생과로 널리 식용된다.
당질과 비타민 A, C가 많이 들어 있다.
갈증을 그치게 하고 기운을 더하며, 번열을 제거하고 소변을 잘 나오게 하는 효능이 있다.
건조한 참외꼭지는 체한 것을 토하게 하는 효능이 있다.
덜 익은 참외꼭지는 엘라테린이라는 고미 물질이 들어 있어 토하게 하는 효능이 있다.

 약선 데이터

체질	양열, 수독		
오성	한	오미	감
귀경	심장, 위		

 응용 포인트

더위 제거작용, 갈증 해소작용, 이뇨 작용이 있다.
더위갈증 해소, 배뇨 장애, 여름철 열감, 복통 설사에 도움이 된다.

• 고르는 법
제철 : 6~8월
선명한 밝은 노란색을 띠면서, 예쁜 타원형의 모양이 좋다.
꼭지가 싱싱하고 향이 좋은 것을 고른다.

• 보관법
씻지 않고 랩이나 비닐 봉지에 넣어 냉장실에 보관한다. 또는 키친타올와 비닐에 싸서 보관한다.

 함께 먹으면 좋아요

여름더위 해소에

수박

수박과 함께 갈아서 주스를 만든다.
수박과 참외 모두 여름더위, 일사병, 갈증, 배뇨장애, 구내염에 도움이 된다.

일사병 후유증에

여주

여주와 함께 볶는다.
일사병 후유증, 눈충혈과 통증 해소에 도움이 된다.

주의
하세요

과식하면 설사를 일으킬 수 있다
참외는 성질이 차기 때문에 한 번에 많이 섭취하면 설사가 날 수도 있다.
또 참외 꼭지 부분에는 약간의 독성이 있으므로 주의한다.

위를 건강하게 하고, 소화를 돕는다

토마토

위의 기능을 정상화시키고 소화 기능을 도와 식욕을 회복
시켜주는 식재료이다.

몸을 식혀 주고 갈증을 해소하는 작용도 있다.

특히 여름에 지친 체력을 회복하는 데도 좋다.

간 기능을 돕고 해독 작용을 증가시키기 때문에, 노화 방
지와 피부 관리에도 효과적이다.

빨간 색소인 라이코펜에는 높은 항산화작용이 있어, 암과
동맥경화 예방에도 도움이 된다고 알려져 있다.

약선 데이터

체질	음허, 양열
오성	미한
오미	감, 산
귀경	간, 비장, 위

응용 포인트

라이코펜이 풍부하여, 체내의 활성산소를 제
거한다.

항암, 심혈관질환 예방, 노화 방지, 혈압·혈당
조절 등 여러 가지 건강 효과를 가져온다.

• 고르는 법
  제철 : 6~9월
  표면이 빨갛고 광택이 있으며, 열매가 단단한 것
  을 선택한다.

• 보관법
  표면에 녹색이 있는 것은 상온에서 숙성시킨다.
  완전히 빨갛게 익은 토마토는 비닐봉지 등에 넣
  어 냉장고의 야채실에 보관한다.

함께 먹으면 좋아요

열감 해소에

두부

체온을 낮춰주는 토마토와 수분을 보충하고 촉촉하게 해주는 두부
를 조합하여 그라탕을 만든다.
체내에 열이 쌓여 있거나, 열오름이 있을 때 추천한다.

피로 회복에

바질

토마토와 바질은 위장의 기능을 도와, 소화를 촉진시키는 작용이 있
다. 여름 피로를 회복시킨다.
토마토의 빨간색과 바질의 향도 식욕을 돋우어 준다.

주의 하세요

몸이 찬 사람은 다른 식재료와 조합한다
토마토는 체온을 낮추기 때문에, 몸이 찬 사람들은 가열하여 음식을 조리하거나 마늘, 생
강 등 체온을 높이는 식재료와 함께 섭취하는 것이 좋다.

한방 식재료

허브·향신료

양념류

채소류·버섯류

과실류

수산류

곡류·콩·견과류

조미료·음료

혈류 장애 개선에 효과적

피망

피망은 고추의 일종으로 매운 맛이 적은 품종을 빨갛게 되기 전에 수확한 것이라, 시장에 나온 것은 대부분 녹색이다. 피망의 특징인 쓴맛은 메토킨!파라진이라는 성분 때문이다.

이 성분의 향에는 혈류개선 효과가 있다고 알려져 있다. 또 비타민 C의 작용을 도와 모세혈관을 튼튼하게 하는 비타민 P(헤스페라딘, 루틴, 켈세틴 등)도 들어 있다.

 약선 데이터

체질	기체, 양허		
오성	열	오미	감, 신
귀경	비장, 위		

 응용 포인트

베타카로틴, 칼륨 성분이 풍부하다.
혈관 속의 나트륨을 외부로 배출시켜 혈류를 잘 흐르게 해주는 효과가 있다.
혈액순환 장애로 인한 질병의 개선 및 예방에 도움이 된다.

• 고르는 법
　제철 : 5~7월
　껍질이 두껍고 육질이 좋으며 색이 선명한 것을 고른다.
　꼭지가 꼿꼿이 올라가 있는 것이 신선하다.

• 보관법
　습기를 제거하고 비닐봉지에 넣어 냉장고의 야채실에 보관한다. 1주일 이내에 사용한다.

 함께 먹으면 좋아요

피부 미용에

닭고기

피망과 닭날개고기로 볶음요리를 만든다.
피망의 비타민 C는 닭날개고기의 콜라겐 흡수를 촉진하여 피부 미용에 도움이 된다.

혈액순환 개선에

쌈당귀　　피망

피망과 쌈당귀를 들기름으로 드레싱하여 샐러드를 만들어 먹는다.
혈액순환과 피부 보습에 도움이 된다.

주의
하세요

알레르기를 유발할 수도 있다
피망은 일반적으로 안전하게 섭취할 수 있는 식품이지만, 개인에 따라 알레르기 반응을 보일 수 있다.

혈액 순환을 촉진한다

파프리카

파프리카는 네덜란드어로 피망을 말한다. 큰 녹색 파프리카가 익어 빨간색이나 노란색, 오렌지색으로 변한다.
쓴맛은 거의 없고 과일과 같은 단맛이 나기 때문에 샐러드 등 생으로 먹어도 좋다.
다양한 비타민과 미네랄이 풍부하게 함유하고 있다.
특히 빨간 파프리카에는 베타카로틴과 비타민 C가 풍부하여, 혈액순환을 촉진하고 감기예방 및 피부 트러블 해소에 효과적이다.

 약선 데이터

체질	기체, 양허, 수독
오성	온	오미	감, 신
귀경	비장, 위

 응용 포인트

레몬의 2배, 토마토의 5배, 사과의 41배 정도의 높은 비타민 C를 함유하고 있어 기미, 주근깨 예방 및 피부 미백에 좋다.
면역력 증진에 도움이 된다.

• 고르는 법
  제철 : 6~9월
  표면이 빨갛고 광택이 있으며, 열매가 단단한 것을 선택한다.

• 보관법
  표면에 녹색이 있는 것은 상온에서 숙성시킨다.
  완전히 빨갛게 익은 토마토는 비닐봉지에 넣어 냉장고의 야채실에 보관한다.

 함께 먹으면 좋아요

부종 제거에

 옥수수

파프리카와 옥수수를 올리브유로 드레싱하여 샐러드로 만들어 먹는다.
부종제거에 도움이 된다

간기능 개선에

 마늘   타임

파프리카에 함유된 비타민 P는 간 기능을 향상시키는 성분으로 알려져 있다. 향기가 좋은 타임과 마늘을 함께 넣어 볶으면 효과가 높아진다.

 주의 하세요

기름을 사용한 요리를 추천한다
오일을 넣어 볶음요리로 만들어 섭취하면, 파프리카에 함유된 풍부한 베타카로틴의 체내 흡수율이 높아진다.

한방식재료
웰빙함산료
양식류
채소류·버섯류
과실류
수산류
곡류·유제품
조미료·향료

생활습관병 예방에 효과적

호박

약선 데이터

체질	기체, 수독
오성	평 　오미　 감
귀경	비장, 위, 폐

응용 포인트

호박에는 베타카로틴이 풍부해 항산화작용,
피로 해소, 면역력 향상에 도움이 된다.
특히 이뇨 작용이 강하기 때문에, 붓기 제거
에 효과적이다.
몸이 건조한 사람은 과식을 피한다.

• 고르는 법
　제철 : 5~9월
　과육이 풍부하고 무게감이 있으며, 색이 진한 것
　을 선택한다. 줄기 주변이 움푹하게 들어간 것은
　완전히 익었다는 것을 나타낸다.

• 보관법
　온전한 덩어리라면 그대로 시원한 곳에 보관한
　다. 자르거나 씨를 제거한 경우에는 비닐랩으로
　싸서 냉장고의 야채실에 보관한다.

호박은 비장과 위의 기능을 도와주며, 몸을 따뜻하게 하여
피로를 회복하는 데 도움을 준다.
항산화 작용을 하는 베타카로틴을 비롯하여 다양한 비타
민을 풍부하게 함유하고 있어, 피부 미백이나 생활습관병
예방에 필수적인 식재료이다.
위통과 변비 완화뿐만 아니라, 감기 예방에도 효과적이다.
또한, 코발트라는 성분은 인슐린 분비를 촉진하는 작용이
있어 당뇨병에도 도움이 된다고 알려져 있다.

함께 먹으면 좋아요

혈당 조절에 효과적

혈당 조절에 도움을 주는 호박과 몸을 촉촉하게 하는 두유를 조합하
여 수프를 만든다. 한방에서는 몸의 수분이 부족하면 당뇨병이 발
생한다고 알려져 있다.

두유

변비 완화에

간장, 설탕 등을 넣어 호박조림을 만들고, 마지막으로 참깨를 뿌려
준다. 호박의 식이섬유에 참깨의 기름이 더하여 변비를 개선하는
효과를 볼 수 있다.

참깨

주의
하세요

껍질은 제거하지 않고 먹는다
껍질에는 베타카로틴이 풍부하게 함유되어 있으므로, 껍질을 제거하지 않고 조림 등으
로 요리하여 먹는 것이 좋다.

다이어트에 좋다

호박씨

볶아서 속에 있는 씨를 먹는다. 주성분인 불포화지방산 등의 지질이 변비를 완화시킨다.

예전에는 한방에서 주로 구충제로 사용되었지만, 현재는 다이어트나 지방대사이상증 예방에 좋다고 알려져 있다. 또한 고혈압이나 전립선염에도 효과가 있는 것으로 알려져 있다.

 약선 데이터

체질 수독
오성 평 오미 감
귀경 대장

 응용 포인트

마그네슘, 칼슘 등이 혈관을 튼튼하게 하며, 레시틴 및 불포화지방산은 뇌의 기능을 활성화시킨다.

• 고르는 법
  모양이 고르고 이물질이 없는 것이 좋다.

• 보관법
  호박에서 씨를 꺼내 잘 씻은 후, 1일 정도 햇볕에 말린 다음 볶는다.
  건조시킨 후에는 습기를 피하여 밀폐용기에 넣어서 냉암소에 보관한다.

장의 기능을 향상시킨다

수박씨

중국에서는 향신료와 함께 볶아 향을 낸 것을 간식 대용으로 섭취한다. 호박씨와 마찬가지로 겉껍질을 깨고 속의 씨를 먹는다.

약선에서는 기침, 가래, 변비에 효과적인 식재료이다. 혈압 강하 효과도 있다고 알려져 있다.

 약선 데이터

체질 음허
오성 평 오미 감
귀경 대장

 응용 포인트

콜레스테롤과 포화지방산을 감소시키는 효능이 있다. 이 외에도 노화방지, 다이어트 등의 효과도 볼 수 있다.

• 고르는 법
  모양이 통통하고 완전히 건조된 것을 고른다.

• 보관법
  습기를 피하고 밀폐용기에 넣어서 냉암소에 보관한다.

혈액을 건강하게 유지하는 효과가 있다

목이버섯

약선에서는 영양과 수분을 공급하는 식재료로 사용된다.
혈액을 맑게 유지하는 동시에 지혈작용도 있다.
부정출혈, 생리통, 빈혈, 갱년기장애 등 여성의 질환에 좋
은 효과를 발휘한다.
독특한 젤라틴질은 점막의 작용을 향상시켜, 위장 기능을
강화하여 피부 미용에도 효과가 있다.
최근에는 암 예방 효과도 기대되고 있다.
생 목이버섯 보다 건조한 것이 더 맛이 좋다.

약선 데이터

체질	음허, 혈허, 기허
오성	평	오미	감
귀경	폐, 위, 대장, 간, 신장

응용 포인트

기운을 더 하고, 혈액 생성, 폐 보습, 혈압강하
, 항암 작용이 있다.
위장기능 강화 및 피부 미용에도 좋다.
하루 사용량은 10g이 적당하다.

•고르는 법
  제철 : 여름~가을
  생 목이버섯은 색이 짙고 표면에 광택이 있으며,
  크고 살이 풍부한 것이 좋다. 건조한 것은 잘 건조
  되고, 표면이 검은 것이 좋다.

•보관법
  생 목이버섯은 랩으로 씨서 밀폐하여 냉장보관
  한다. 건조한 것은 밀폐용기에 넣어 냉암소에 보
  관한다.

 함께 먹으면 좋아요

고혈압 예방에

 유부

목이버섯과 유부로 볶음 요리를 만든다.
두 재료 모두 혈액순화를 원활하게 효과가 있다.
목이버섯을 많이 넣어 섭취하는 것이 좋다.

빈혈 예방에

목이버섯과 대추를 넣어 닭뼈국물을 만든다. 목이버섯과 대추는 모두
혈액보충 효과가 높은 식재료로 빈혈에 도움이 된다.
생리불순에도 추천된다.

대추

 주의
하세요

목이버섯은 생으로 섭취하지 않는다
생 목이버섯을 섭취하면 피부염이나 가려움증이 발생할 수 있으므로, 반드시 열을 가해
조리해서 섭취한다.

불로장수의 약으로도 불린다

흰목이버섯

보음하는 효과는 목이버섯보다 뛰어나며, 중국에서는 은이(銀耳)라고도 불린다.
예로부터 불로장수의 약으로 여겨져 왔으며, 자양강장 효과가 탁월하다.
피부를 보습하는 식재료로도 유명하다.
또한, 면역력을 향상시키는 미네랄이 풍부하여 항암 및 노화 예방효과도 인정받고 있다.
중국 요리에서 디저트로 자주 사용된다.

약선 데이터

체질	음허		
오성	평	오미	감, 담
귀경	폐, 위, 신장		

응용 포인트

병후식에 좋은 식재료이다.
폐를 보습하는 작용을 하며, 소화기능을 돕는다. 마른기침, 갈증에 도움이 된다.
자양강장 효과가 뛰어나며, 노인성 만성기관지염, 변비 등에도 효과가 있다.

• 고르는 법
생것은 깨끗한 흰색이며, 뿌리 부분이 변색되지 않은 것을 고른다.
건조한 것은 잘 건조되어 살이 많은 것이 좋다.

• 보관법
생것은 비닐랩에 싸서 밀폐하여 냉장보관한다.
건조한 것은 밀폐용기에 넣어 냉암소에 보관한다.

함께 먹으면 좋아요

갱년기장애 개선에

흰목이버섯과 배를 넣어 콤포트를 만든 다음, 꿀을 뿌려준다. 둘 다 체내를 촉촉하게 해주는 효과가 있어, 갱년기 열오름과 불안감을 진정시켜 준다.

배   꿀

피부 미용에

피부를 촉촉하게 해주는 흰목이버섯과 콜라겐이 풍부한 닭고기를 함께 끓여 수프를 만든다. 두 재료의 상호작용으로 건조한 피부를 촉촉하게 해주며, 노화 방지에도 효과적이다.

닭고기

주의 하세요

한 번에 사용할 양만 불린다
건조한 것은 불린 상태에서 공기에 노출되면 산화된다. 따라서 한꺼번에 많은 양을 불리지 말고, 한 번에 먹을 양만 불려서 사용한다.

스트레스 완화 및 고혈압 예방에

양송이버섯

양송이버섯은 유럽이 원산지이며 우리나라에서는 1965년부터 본격적으로 재배가 시작되었다.
단백질과 무기질이 풍부하고 섬유질은 극히 적으며, 소화효소가 들어 있어 음식물의 소화를 돕는다.
저열량, 고단백 식품으로 향이 맛이 좋아 세계적으로 즐겨 먹는 버섯이다.
신선한 양송이버섯은 생으로 섭취 가능하며, 수용성 비타민 B군이나 칼륨 보급을 위해서는 생으로 먹는 것이 좋다.

 약선 데이터

체질	기허		
오성	평	오미	감
귀경	폐, 위		

 응용 포인트

병후식에 좋은 식재료이다.
소화기능 촉진 작용이 있다.
소화장애, 식욕저하, 피로에 도움이 된다.
하루 사용량은 생것을 기준으로 180g 이하가 적당하다.

• 고르는 법
제철 : 연중
갓이 피어있지 않는 것이 맛이 좋다.
흙이 묻은 것이 신선도가 높으며, 갓에 상처가 없고 매끈한 것을 고른다.

• 보관법
물기를 닦아내고 랩으로 싸서 냉장고의 야채실에 보관한다.
적당한 크기로 잘라서 냉동보관해도 좋다.

 함께 먹으면 좋아요

면역력 향상에

요구르트

양송이버섯에 많은 구리성분과 요구르트에 많은 유산균이 병원균에 대한 저항력을 높여주어 면역력을 높이는 데 도움을 준다.

소화력 증진에

양파

양배추

양송이버섯에 양파와 양배추를 더해서 양송이버섯볶음을 만든다. 간편하게 만들어 먹을 수 있으며, 소화력을 증진시켜, 소화장애 및 식욕저하에 도움이 된다.

주의
하세요

조리 직전에 씻는다
양송이버섯은 변색되기 쉬우므로 조리 직전에 씻는 것이 좋다. 그리고 레몬즙을 뿌려두면 변색을 막을 수 있다.

면역력 강화에 효과적이다

잎새버섯

잎새버섯은 면역기능을 강화하는 데 탁월한 효과가 있는 버섯 중 하나로 알려져 있다.

기운를 보충하고 혈액순환과 수분대사를 개선하는 작용이 있다.

당 대사와 혈압을 조절하는 기능도 있다고 알려져 있다.

고혈압, 동맥경화, 당뇨병 등의 생활습관병 예방 효과가 기대된다. 식이섬유도 풍부하며, 변비 예방과 미용에도 좋은 식재료이다.

약선 데이터

체질	기허, 음허
오성	량　오미　감
귀경	비장, 위, 폐

응용 포인트

기력강화 작용, 해열 작용, 이뇨 작용이 있다. 배뇨장애, 붓기, 고혈압, 당뇨병에 도움이 된다. 항암, 면역증강 효능도 뛰어난 것으로 알려져있다.

- **고르는 법**

  제철 : 9~10월

  갓에 광택이 있고, 갈라지거나 습기가 차지 않은 것을 선택한다.

  대는 흰색이며, 단단하고 탄력 있는 것이 맛있다.

- **보관법**

  습기를 제거하고 비닐랩으로 포장하여 냉장고의 야채실에 보관한다. 냉동한 것은 소분하여 냉동 전용 보관봉투에 넣어 보관한다.

함께 먹으면 좋아요

생활습관병 예방에

파

수프로 끓여 섭취한다.

잎새버섯과 파는 혈액을 맑게 하는 효과가 있는 식재류의 조합으로, 생활습관병 예방에 추천된다.

피부미용에

배추

잡티와 주근깨를 예방하는 잎새버섯과 장 기능을 조절하는 배추로 볶음 요리를 만든다.

변비가 해소되고 장 속의 환경이 개선되면, 피부 상태도 좋아진다.

주의 하세요

조리할 때 주의할 점

잎새버섯을 그대로 넣으면 국물이 탁해진다. 따라서, 조림 요리인 경우에는 사전에 데쳐서 넣거나, 국물 요리인 경우에는 마지막에 넣는 것이 좋다.

다이어트 및 생활습관병 예방에

표고버섯

표고버섯은 신체의 기운을 활성화시키고 혈액의 순환을
개선하며, 위장을 활성화하는 효능이 있다.
암, 고혈압, 동맥경화 등의 생활습관병 예방에 효과가 있
는 것으로 알려져 있다.
표고버섯에 함유된 에르고스테린은 햇빛에 의해 비타민
D로 변환되므로, 생 표고버섯보다 말린 것이 더 영양가
가 높다.

 약선 데이터

체질	기허
오성	평 · 오미 · 감
귀경	위, 간

 응용 포인트

병후식에 좋은 식재료이다.
허약체질 회복, 소화기능 촉진작용이 있다.
면역력 저하, 무기력, 소화불량, 고혈압, 고지
혈증에 도움이 된다.
백혈구를 활성화하는 데 도움을 준다.

• 고르는 법
　제철 : 생표고버섯 : 3~5월, 9~11월,
　　　　건표고버섯 : 연중
　살이 두껍고 뒷면의 주름살이 흰색인 것이 신선
　하다. 건표고버섯은 주름이 황백색인 것을 선택.

• 보관법
　생표고버섯은 비닐봉지에 넣어, 갓을 위로 하여
　냉장고의 야채실에 보관한다. 건 표고버섯은 건
　조제를 넣어 밀폐용기에 보관한다.

 함께 먹으면 좋아요

청경채

고혈압 예방에
비타민, 미네랄이 풍부하며 항산화작용을 가진 청경채와 건 표고버
섯을 조합하여 수프를 만든다. 둘 다 콜레스테롤 수치 상승을 억제하
고, 콜레스테롤이 혈관 벽에 침착되는 것을 방지한다.

우유

골다공증 예방에
골다공증 예방에 필수적인 칼슘이 풍부한 우유와 조합하여, 크림스
튜를 만든다. 칼슘 흡수를 높이려면 비타민 D와 함께 섭취하는 것이
중요하다. 표고버섯과 함께 섭취하면 흡수율이 높아진다.

주의
하세요

조리시 뜨거운 물에 넣지 않는다
조리시 표고버섯을 끓는 물에 넣지 않는 것이 좋다.
깊은 맛을 끌어내기 위해서는 60~70도에서 조리하는 것이 좋다.

06
PART

과실류

과실은?

-과일은 몸의 열을 내리고 촉촉하게 한다-

과일은 우리 몸의 오장의 작용을 돕는다고 알려져 있다. 신선한 상태로 쉽게 섭취할 수 있으며, 비타민을 충분하게 공급하거나 몸의 상태를 조절하는 데 도움을 준다. 수분 함량이 풍부하여 몸을 촉촉하게 하는 효과가 높은 것도 큰 특징 중 하나이다.

과일 중에는 몸의 열을 내리는 성질을 가진 것이 많아, 여름 혹은 몸속에 열이 많을 때 먹으면 더 효과가 있다.

체온을 낮출 필요가 없거나, 감기에 취약한 사람은 상온에서 먹거나 잼이나 콤포트와 같이 가열하여 만든 요리를 먹는 것이 좋다.

복숭아, 체리, 귤 등 몸을 따뜻하게 하는 과일도 있다.

견과류는 약선 요리에서 오래전부터 사용되어온 중요한 식재료이다. 오일 함유량이 많아 변비 해소 및 피부관리에 효과가 있으며, 노화 방지에도 도움이 된다.

고혈압 및 면역력 향상에

감

열을 내리고 목을 촉촉하게 하는데 도움을 주며, 이뇨 작용도 있다.

감의 떫은 맛의 원인인 탄닌은 설사를 완화하지만, 변비를 유발할 수도 있다. 잘 익은 감은 알코올을 분해하는 효소를 함유하므로 숙취해소에도 효과적이다.

색소 성분인 베타크립토잔틴은 항암 작용이 있으며, 풍부한 비타민 C와 함께 면역력을 향상시킨다.

감꼭지나 잎은 한의학의 생약 원료로 사용된다.

 약선 데이터

체질	음허, 양열
오성	한
오미	감
귀경	심장, 비장, 대장

 응용 포인트

폐를 보습하는 작용, 진액 생성 작용, 혈압강하 작용이 있다.

마른기침, 인후통, 고혈압에 도움이 된다.

하루 사용량은 1~2개가 적당하다.

•고르는 법

제철 : 9~11월

꼭지가 단단하게 붙어 있는 것을 고른다.

전체적으로 짙은 주황색을 띠는 것이 좋다.

•보관법

잘 익은 감은 가능한 빨리 먹는 것이 좋다.

보관할 때는 비닐봉지에 넣어 냉장고의 야채실에 보관한다.

완전히 익지 않은 것은 실온에서 추숙시킨다.

 함께 먹으면 좋아요

노화 방지에

레몬

깎은 감에 레몬주스를 뿌린다. 감의 비타민 C와 베타카로틴, 레몬의 비타민 C와 구연산이 항산화작용을 발휘하여 노화 방지에 도움이 된다.

피로 회복에

생강

감을 생강식초로 버무린다. 감은 감기 예방에 좋은 비타민 C와 베타카로틴이 풍부하다. 감의 몸을 차게 하는 성질을 따뜻한 성질을 가진 생강이 완화시켜준다.

 주의 하세요

게와 함께 먹지 않는다

위가 차져서 복통이나 설사를 일으킬 수 있다.

또한, 공복이나 음주 시에는 감을 먹지 않는 것이 좋다.

위의 작용을 개선하여, 식욕을 증진시킨다

귤

과즙에는 비타민 C와 구연산이 풍부하여, 피로 회복에 효과적이며 면역력을 향상시키는 작용도 있다.
예로부터 감기 예방에 좋은 과일로 알려져 있다.
또한, 베타크립토잔틴 성분은 항암 효과가 있다고 알려져 있으며, 열에 강하기 때문에 잼이나 통조림으로도 섭취할 수 있다.
귤껍질 진피에는 기침과 가래를 억제하는 효과가 있어, 기침이나 천식과 같은 호흡기질환의 치료에 자주 사용된다.

약선 데이터

체질	기허, 음허
오성	량	오미	감, 산
귀경	폐, 위, 비장

응용 포인트

폐를 보습하는 작용, 진액을 생성하는 작용이 있다.
갈증, 딸꾹질, 가슴 답답증에 도움이 된다.
소화기능 촉진작용이 있어 식욕증진에도 효과적이다.

• 고르는 법
 제철 : 11~3월
 껍질에 윤기가 있고 선명한 주황색이며, 꼭지는 작고 황록색인 것이 신선하다.
 껍질의 질감이 부드러운 것이 단맛이 강하다.

• 보관법
 냉암소에 보관한다.
 열매가 서로 겹치지 않도록 보관한다.
 1도 이하에서는 냉해를 입기 쉬우므로 주의한다.

함께 먹으면 좋아요

암 예방에

당근

귤과 당근으로 주스로 만든다.
암 예방에 효과가 있는 귤의 베타크립토잔틴과 당근의 카로틴을 풍부하게 섭취할 수 있다.

복부 팽만감에

무

건조시킨 귤껍질과 강판에 간 무즙을 혼합한다. 귤껍질은 기의 순환을 원활하게 하고, 무는 기를 내리는 작용이 있어, 복부에 가스가 차서 팽만감이 있을 때, 가스를 쉽게 배출할 수 있다.

주의 하세요

귤껍질과 귤락을 함께 섭취한다
귤의 과육과 껍질 사이의 붙어있는 귤락(하얀 실 같은 섬유질 부분)은 헤스피리딘이라는 성분이 풍부한데, 담을 제거하고 혈관의 탄력과 밀도를 유지해준다.

스트레스로 인한 기의 정체에 효과적

레몬

감귤과 유사한 효능을 가지고 있다.

상큼한 향기가 특징이며, 이 향기는 기의 순환을 촉진하고 소화 흡수 기능을 향상시켜 소화불량, 여름피로, 스트레스를 개선하는 역할을 한다.

또한, 가래를 제거하고 지질대사를 촉진하는 작용이 있어, 기침과 가래가 있을 때 좋다.

비만과 생활습관병 예방에도 효과적이다. 단맛과 신맛이 있어, 수분을 보충하고 갈증을 진정시키는 작용도 있다.

약선 데이터

체질	기체, 수독, 음허
오성	량	오미	산, 감
귀경	폐, 위, 비장

응용 포인트

진액을 생성하는 작용과 소화 촉진작용이 있다. 일사병 갈증해소, 식욕부진, 임신구토에 도움이 된다.

생선회 등에 뿌려 비린내를 제거한다.

• 고르는 법

제철 : 10~3월(국내산), 연중 (수입)

껍질에 흠이 없고 탄력이 있으며, 들었을 때 무게감이 느껴지는 것이 좋다.

껍질을 사용할 경우 국내산을 선택한다.

• 보관법

비닐봉지 등에 넣어 냉장고에 보관한다.

자른 것은 비닐랩에 싸서 냉장보관하며, 최대한 빨리 사용한다.

함께 먹으면 좋아요

여름피로, 피로 회복에

수박주스와 혼합하여 음료로 섭취한다.

몸의 열을 내리는 수박과 함께 섭취함으로써 위장의 기능을 조절하고 더위로 인한 피로나 불쾌감을 개선한다.

수박

고혈압 예방에

감귤류의 껍질이나 과육에는 혈압을 낮추는 효능을 가진 성분이 포함되어 있다.

국화의 몸의 열을 낮추는 작용과 함께 고혈압 예방에 도움이 된다.

국화

주의 하세요

위산 과다인 경우는 적당량을 섭취한다

레몬의 산이 위벽을 자극하기 때문에 위산 과다나 위궤양이 있는 사람은 과도한 섭취를 피해야 한다.

근육 경련이나 하체 부종에 도움이 된다

모과

 약선 데이터

체질	기체, 수독, 음허
오성	온 · 오미 · 산
귀경	폐, 비장

 응용 포인트

근육과 인대 이완 작용, 소화기능 촉진 작용, 습기 제거 작용이 있다.
기침을 억제하는 효능이 있다. 관절부종, 근육 경련, 하체 부종에 도움이 된다.

옛부터 기침 억제에 효과가 있다고 알려져 있으며, 한방약으로 널리 사용되어 왔다.
몸속의 과잉한 수분을 제거하고 간 기능을 개선하며 불안한 기분을 진정시킨다.
모과를 끓인 물은 쓴 맛이 있는데, 이 쓴 맛이 위장을 튼튼하게 한다.
항산화 작용을 가진 비타민 C, 탄닌, 사포닌 등의 성분도 포함되어 있어 항암 효과도 기대된다.

• 고르는 법
제철 : 10~11월
짙은 녹황색이 일정하며, 만져보아 촉촉하고 탄력과 광택이 있는 것이 좋다. 향기가 좋으며, 들었을 때 묵직한 느낌이 있는 것을 고른다.

• 보관법
냉장고의 야채실에 보관한다.
익지 않았을 경우 실온에서 후숙시킨다.

 함께 먹으면 좋아요

스트레스 완화에

소주

빙당을 넣어 모과주를 만든다. 모과의 향이 기의 순환을 좋게 하고 마음을 안정시킨다. 소주를 넣어 담금주를 담으면 약효성분이 추출되어 체내에 흡수되기 쉬워진다.

숙취 해소에

사과

모과주에 사과를 갈아 넣어 마신다.
사과는 음주로 인해 체내에 쌓인 열을 내려주고, 모과주는 간 기능을 개선시킨다.

주의
하세요

떫은 맛이 강해서 생으로는 먹을 수 없다
떫은 맛이 강해서 생으로는 먹을 수 없기 때문에, 과실주나 꿀절임 등으로 활용하면 좋다.

폐를 촉촉하게 하여, 가래와 기침을 진정시킨다

배

폐를 촉촉하게 하고 열을 낮추는 효과가 있어, 목의 건조, 끈적거리는 가래, 건조한 기침, 목의 염증 등 목의 불쾌한 증상을 완화시킨다.

열이 있는 가벼운 탈수 증상 개선에도 효과가 있다.

더운 여름에 야외에서 활동할 때 먹으면, 몸속에 쌓인 열을 내려주므로 열사병 예방 효과도 기대할 수 있다.

약선에서는 숙취를 해소하는 효과가 있다고 알려져 있어서, 술을 마신 후에 섭취해도 좋다.

약선 데이터

체질	음허, 양열		
오성	량	오미	감, 산
귀경	폐, 위		

응용 포인트

해열 작용, 가래 제거작용, 갈증 해소작용이 있다.

마른기침, 진액 고갈로 인한 갈증에 도움이 된다. 하루 사용량은 생식 1~2개가 적당하다.

• **고르는 법**
제철 : 8~10월
들었을 때 무게감이 있는 것을 고른다.
약간 옆으로 부푼 것이 맛이 달다.

• **보관법**
비닐봉지에 넣어 냉장고의 야채실에 보관한다.
냉장 보관을 하더라도, 구입 후 가능하면 빨리 먹는다.

함께 먹으면 좋아요

기침을 멈추게 하는데

꿀

배를 껍질째 반으로 잘라서 씨를 빼고 찐다. 과육이 부드러워지면 꿀을 넣고 과육을 건져내고 먹는다. 꿀에도 배와 미한가지로 긴조를 개선하는 효과가 있으므로 기침을 억제하는 효과가 기대된다.

불면증 개선에

백합

백합뿌리와 배를 콤포트처럼 끓인다. 단맛을 더하려면 빙당을 추가한다. 몸속에 쌓인 열을 배가 제거하고 백합뿌리가 정신을 안정시켜서, 마음이 불안하여 잠들지 못할 때 섭취하면 수면을 유도한다.

주의 하세요

게와 함께 먹지 않는다

배와 게는 모두 체온을 낮추는 식재료이기 때문에, 함께 섭취하면 구토, 설사, 복통을 일으킬 수 있다.

몸속의 열을 없애, 열감을 해소한다

비파

비파는 서늘한 성질이어서, 열이 있거나 열오름이 있는 사람에게 적합한 과일이다.
열을 식히고 갈증을 해소하는 효과가 있다.
건조로 인한 기침을 멈추는 작용도 있다.
또한, 위의 기운을 내리는 효과가 있어, 딸꾹질이나 구역질을 멈추게 하고 식욕부진을 개선한다.
예로부터 기침, 가래를 진정시키고, 더위 먹음, 피로를 회복하는 약으로 사용되어 왔다.

 약선 데이터

체질	음허, 기체		
오성	량	오미	감, 산
귀경	비장, 폐, 간		

 응용 포인트

폐를 보습하는 작용, 갈증 해소작용이 있다.
열성 기침, 구역구토, 갈증, 열감해소에 도움이 된다.
하루 사용량은 60g이 적당하다.

• 고르는 법
제철 : 5~6월
껍질이 오렌지색이며, 상처가 없고 윤기가 있는 것을 고른다. 흰색 솜털이 전체적으로 고르게 덮여 있으며 탄력이 있고, 좌우대칭이고 아랫부분이 부풀어 있는 것이 좋다.

• 보관법
실온에서 보관한다. 먹을 때는 차가운 것이 더 맛있기 때문에, 먹기 전에 냉장고에 넣어둔다.

 함께 먹으면 좋아요

면역력 강화에

소주   빙당

꼭지를 제거한 비파에 빙당과 소주를 넣어 비파주를 만든다. 비파의 성분이 면역력을 향상시키고, 소주가 체내 흡수를 빠르게 한다.

피로 회복에

참깨

껍질을 벗긴 비파를 적당한 크기로 자르고, 갈아낸 참깨와 섞어 식초와 간장으로 맛을 낸다. 비파의 구연산과 참깨의 비타민 B1이 상승작용하여 피로한 몸에 활력을 준다.

 주의 하세요

과식하지 않는다
비파는 성질이 찬 과일로 손발이 차거나, 대변을 묽게 보는 사람은 많이 섭취하지 않도록 한다. 하루에 2개 정도가 적당량이다.

위장의 기능을 조절한다

사과

위의 기능을 조절하고 지방대사를 촉진하는 수용성식이
섬유인 펙틴을 풍부하게 함유하고 있다.
또한 몸속에 쌓인 열을 식혀주고, 갈증을 해소하며 숙취
해소에도 효과적이다.
달콤새콤한 맛이 타액 분비를 촉진하여, 식욕을 증가시키
므로 식욕부진도 개선할 수 있다.
또한, 마음을 안정시키는 기능도 있어서 불안감이나 조바
심을 완화하는 데도 도움이 된다.

약선 데이터

체질	음허, 양열		
오성	량	오미	감, 산
귀경	비장, 위, 심장		

응용 포인트

소화기능을 돕고, 보습 작용, 진정 작용, 숙취
해소작용이 있다.
건조증, 갈증, 식후 팽만감, 숙취 해소에 도움
이 된다.

• 고르는 법
제철 : 9~12월
꼭지 부분이 신선하고 껍질에 상처가 없으며, 윤
기가 나는 것이 고른다.
전체적으로 색이 고른 것이 좋다.

• 보관법
비닐봉지에 넣고 냉장고의 야채실에 보관한다.
완전히 익지 않은 것은 실온에 두고 후숙시킨다.
온도와 습도를 유지하면 4~5개월 동안 장기저장.

함께 먹으면 좋아요

속이 더부룩할 때

배추

호두

배변을 원활하게 하는 작용을 도와주는 사과와 배추에 잘
게 간 호두를 넣어 샐러드를 만든다.
호두의 기름성분이 배변효과를 높인다.

숙취 해소에

레몬

사과와 레몬으로 주스를 만든다.
음주를 하면 체온이 상승하는데 사과는 이것을 내려준다.
또 레몬의 비타민 C는 간 기능을 향상시킨다.

주의
하세요

껍질까지 함께 섭취하는 것이 좋다
사과껍질에는 펙틴 성분이 풍부하다. 펙틴은 식이섬유로 장운동을 활발하게 하여, 변비
를 예방하고 배변을 촉진하는 작용이 있다.

상큼한 향이 기를 순환시킨다

오렌지

오렌지는 귤과 같은 감귤류이지만, 서늘한 성질을 가지고 있어서 따뜻한 성질의 귤과는 차이가 있다.

몸속의 과도한 열을 낮추므로, 발열이나 열감이 있고 혈압이 높은 사람에게 추천된다.

기를 순환시키는 효과가 있기 때문에, 기가 정체되어 식욕이 없을 때 먹으면 식욕이 생긴다.

항산화작용을 가진 비타민 C와 지질대사를 개선하는 펙틴도 풍부하게 포함하고 있다.

 약선 데이터

체질	기체, 어혈
오성	량	오미	감, 산
귀경	위, 폐

 응용 포인트

위장을 편안하게 하는 작용, 장운동을 촉진하는 작용이 있다.

구역구토, 복부 팽만감, 숙취해소에 도움이 된다. 비타민 C가 풍부하여 감기예방에 도움이 된다.

• 고르는 법

제철 : 2~4월(국내산), 연중(수입산)

꼭지가 푸른색이며, 껍질에 탄력과 광택이 있는 것을 선택한다. 껍질의 질감이 거친 것은 피한다. 들었을 때 무게감이 있는 것이 맛있다.

• 보관법

보관성이 좋으며, 고온 다습한 곳을 피하고 통풍이 잘 되는 곳에 보관한다.

먹기 전에 냉장고에 넣어 차게 해서 먹으면 좋다.

 함께 먹으면 좋아요

피부 건강에

닭고기

오렌지와 닭날개고기를 화이트와인으로 끓인다.

오렌지의 비타민 C는 닭날개고기의 콜라겐 흡수를 촉진하여 피부 건강에 도움이 된다.

혈전 예방에

아몬드

먹기 좋게 썬 오렌지와 조각낸 아몬드를 섞는다.

오렌지의 비타민 C와 베타카로틴, 아몬드의 불포화 지방산은 혈액 순환을 원활하게 하는 효과가 있다.

주의 하세요

수입품은 껍질을 사용하지 않는다

오렌지 껍질째 잼을 만들 때는 무농약 국내산을 사용한다.

수입품은 곰팡이 방지제를 사용하기 때문에 사용하지 않는 것이 좋다.

기의 순환을 원활하게 하고, 소화를 돕는다

유자

기의 순환을 원활하게 하므로, 기분이 좋지 않을 때나 식욕이 없을 때 좋다.

또한, 기침을 멈추게 하는 효과도 있는데, 유자를 얇게 썰거나 갈아서 꿀에 1달 정도 절여두었다가 차로 마시면 개선된다.

숙취에 효과가 있어서, 유자주스나 배와 주스를 만들어 마시면 개운하다.

약선 데이터

체질	기체
오성	한	오미	감, 산
귀경	간, 비, 위

응용 포인트

가래 제거작용, 숙취해소 작용이 있다. 식체, 식욕부진, 숙취 해소에 도움이 된다.
소화를 돕고 장운동을 촉진하기 때문에 위장 기능강화에 효과적이다.

• 고르는 법
  제철 : 11~1월
  색이 선명하고 윤기가 있으며, 무게감이 있는 것을 선택한다.
  꼭지는 초록색이고 신선한 것을 고른다.

• 보관법
  상온에서도 보관할 수 있으며, 냉장고에 보관할 경우에는 비닐봉투에 넣어 건조하지 않게 보관한다.

함께 먹으면 좋아요

숙취 해소에

사과

사과와 함께 주스나 스무디를 만들어 먹는다.
유자의 숙취를 제거하는 작용과 사과의 주독을 제거하는 작용이 상승작용을 일으킨다.

감기 예방에

생강

유자껍질과 생강으로 잼을 만든다.
끓인 물에 타서 차로 마실 수도 있다. 유자의 비타민 C와 생강의 위장을 따뜻하게 하는 작용이 감기를 예방한다.

주의 하세요

과식하지 않는다

유자차를 많이 섭취할 경우 설사나 복통 등의 부작용이 발생할 수 있다.
평소 위장이 약하거나 손발이 차가운 사람은 소량씩 섭취해가면서 점차 양을 늘려간다.

기와 혈을 보충하는 자양강장 식품

대추

약선에서는 대조(大棗)라는 이름으로 불리며, '대조를 쓰지 않는 한의사는 없다'라고 할 정도로 빈번하게 한약재로 사용된다.
건대추에는 피를 보충하고 비장과 위장을 튼튼하게 하는 작용은 널리 알려져 있다.
또 근육을 증강하고 백혈구의 생성을 촉진하므로 면역력을 높이는 효과가 있다. 알레르기 반응을 억제하거나 불안감이나 불면 등 심신의 피로에도 효과가 있다.

 약선 데이터

체질	기허, 혈허	
오성	온	오미 감
귀경	비장, 위	

 응용 포인트

병후식에 좋은 식재료이다.
대추는 마음을 안정시키고 기운을 나게 하며, 불면증을 치료하는 효능이 있다.
특히 여성들이 하루에 3~4개씩 씨를 빼고 먹으면 건강에 좋은 효과를 발휘한다.

• 고르는 법
제철 : 9~10월
건조품은 광택이 있고, 육질이 부드러운 것을 고른다. 생대추는 흠이 없고 붉은색을 띠면서 윤기가 흐르는 것을 고른다.

• 보관법
건조품은 습기에 약하고 벌레도 생기기 쉽기 때문에, 밀봉하여 냉암소에 보관한다.

 함께 먹으면 좋아요

위장이 허약할 때

쌀

체질적으로 위장이 약하거나 여름철 더위나 피로로 위장의 기능이 쇠약해진 사람은 닭국물에 쌀과 대추를 넣고 끓여서 죽으로 만들어 먹으면 좋다. 대추도 쌀도 비장의 기운을 보충하는 작용이 있다.

자양강장에

닭고기   진피   마

기를 보충하는 식재료로 자양강장에 효과가 좋다. 속이 더부룩한 것을 해소하기 위해, 기를 순환시키는 진피를 조합한다. 진피는 마지막에 넣고 5분 정도 더 끓인다.

주의
하세요

비만, 당뇨병인 사람은 피한다
대추는 혈액을 보충하는 작용이 우수하고 당분도 많아서 비만이나 당뇨병이 있는 사람은 삼가하는 것이 좋다.

신맛이 타액의 분비를 촉진한다

매실

신맛이 타액의 분비를 촉진하므로, 발열, 발한 등으로 인한 갈증이나 다한증을 개선한다.

장의 기능을 조절하는 작용이 있어 설사에도 효과가 있다.

소화흡수를 촉진하고 수분대사를 정상화하여 식욕을 증가시키므로, 여름피로에도 효과적이다.

청매실은 매실주나 잼, 건매실로 활용하는 것이 좋다.

단, 우메보시(일본식 매실장아찌)는 염분이 많으므로 주의한다.

약선 데이터

체질	음허			
오성	평		오미	산, 삽
귀경	간, 비장, 폐, 대장			

응용 포인트

기침을 멈추는 작용, 지사 작용, 지혈 작용, 진액생성 작용이 있다.

만성기침, 허열 갈증, 만성설사, 혈변 혈뇨에 도움이 된다.

배탈설사와 만성설사를 구분해서 사용한다.

- **고르는 법**
  제철 : 6월
  크기가 균일하고 표면에 벌레 먹은 흔적이나 상처가 없으며, 선명한 초록색이고 표면에 광택이 있는 것이 좋다.

- **보관법**
  청매실은 신선할 때, 가능하면 빨리 사용하는 것이 좋다. 구매한 후에는 즉시 사용하며, 어려운 경우에는 냉암소에 보관한다.

함께 먹으면 좋아요

목의 갈증에

빙당

매실을 빙당에 절여 매실시럽을 만들어 먹는다.
매실의 타액을 분비를 촉진하는 효과와 빙당의 폐를 촉촉하게 하는 효과로 갈증을 해소한다.

콜레스테롤이 걱정될 때

정어리

말린 매실과 정어리를 함께 끓여 정어리매실조림을 만든다.
매실의 구연산과 정어리의 타우린은 콜레스테롤 수치를 낮추는 효과가 있다.

주의 하세요

청매실은 생으로 먹지 않는다
매실청을 담글 때 씨를 빼고 하지만, 부득이 하게 씨를 넣었다면 1년 정도 발효하면 독성이 중화된다.

한방식재료
약모·향신료
육식류
채소류·버섯류
과실류
수산류
해조·유제품
조미료·음료

식욕부진, 냉증을 개선한다

버찌

비장의 기능을 돕고 소화 흡수력을 높이므로, 위장이 약하고 식욕이 부진할 때 섭취하면 좋다.

신장의 기능을 돕고 몸을 차갑게 하는 작용이 있어서 몸에 열이 있는 사람에게 추천된다.

또한, 몸속의 습기를 제거하는 작용이 있어, 습도가 높을 때 발생하기 쉬운 부종이나 관절·근육 통증 등에도 효과적이다.

체리에 함유된 구연산은 피로회복과 노화 방지에도 효과가 있다.

 약선 데이터

체질	기허, 양열
오성	량 · · · · 오미 · · · · 감, 산
귀경	비장, 폐, 신장

 응용 포인트

폐의 열을 내리는 작용, 인후부를 편하게 하는 작용, 기침을 멈추는 작용이 있다.
인후부 부종, 쉰목소리, 기침에 도움이 된다.
하루 사용량은 30g이 적당하다.

• 고르는 법
제철 : 6~8월
선명한 붉은색이며, 꼭지 부분이 푸른색이고 흠이 없고 윤기가 나고 탄력이 있는 것이 좋다.
검게 변한 것은 너무 익은 것이다.

• 보관법
오래 보관하기 어려우므로 가능하면, 그 날 안에 다 먹는 것이 좋다. 비닐봉지에 넣어 냉장고의 야채실에 보관한다. 저장 기준은 약 하루 정도이다.

 함께 먹으면 좋아요

노화 방지에

달걀 / 우유

달걀, 우유, 그래뉴당을 넣고 섞은 후, 가열하여 클라푸티를 만든다. 달걀에도 노화방지 효과가 있어 상호작용 효과를 기대할 수 있다.

피로 회복에

요구르트

버찌와 요구르트를 믹서기에 갈아서 주스를 만든다.
버찌의 구연산이 요구르트의 칼슘 흡수를 촉진하여, 몸과 마음에 쌓인 피로를 치유해준다.

주의
하세요

동물의 간이나 생선과는 함께 먹지 않는다
버찌의 영양소 중에서 특히 비타민 C가 파괴될 수 있으므로, 동물의 간 또는 생선과 함께 먹는 것은 좋지 않다.

위의 작용을 돕는다

복숭아

여름 과일 중에는 드물게 따뜻한 성질을 가지며, 위장을 차게 하지 않으므로 위장이 약한 사람도 안심하고 먹을 수 있다.

장을 촉촉하게 하여 위장의 기능을 돕고, 혈액 순환도 좋게 한다.

수용성 식이섬유인 펙틴이 많이 포함되어 있어, 콜레스테롤 수치를 낮추는 효과도 기대할 수 있다.

복숭아 씨는 혈액순환을 촉진하는 한약재로 사용되며, 잎은 발진 등 피부질환 약제로 사용된다.

 약선 데이터

체질	음허, 어혈, 기체	
오성	온	**오미** 감, 산
귀경	간, 위, 폐, 대장	

 응용 포인트

보습작용, 혈액순환 촉진작용이 있다. 갈증 해소, 건조성 변비, 조기 폐경에 도움이 된다. 베타카로틴 성분은 세포를 노화시키는 활성 산소를 억제하여 노화 방지에 효과적이다.

• 고르는 법
제철 : 7~9월
열매에 상처가 없고 미세털이 균일하게 나있으며, 꼭지의 움푹한 부분의 색이 고른 것이 좋다. 움푹한 부분이 푸른 것은 덜 익은 것이다.

• 보관 법
비닐봉지에 넣어 냉장고의 야채실에 보관하며, 다 익은 것은 오래 보관할 수 없으므로 가능한 빨리 섭취한다. 덜 익은 것은 실온에서 후숙시킨다.

 함께 먹으면 좋아요

변비 해소에

건포도

건포도는 식이섬유가 풍부하여 배변을 촉진시킨다. 장의 기능을 조절하는 작용이 있는 요구르트와 함께 섭취하면 시너지효과를 볼 수 있어 좋다.

콜레스테롤이 걱정될 때

올리브오일

가리비

콜레스테롤 억제 효과가 있는 복숭아와 올리브오일을 함께 섭취하면 좋다. 여기에 저콜레스테롤인 가리비를 더해 샐러드로 섭취하면 효과가 더 좋아진다.

주의 하세요

자라와 함께 먹지 않는다
중국에서는 옛날부터 복숭아와 자라를 함께 섭취하면, 가슴통증 등의 증상이 나타난다고 알려져 있다.

목의 점막을 윤택하게 하는 작용이 있다

살구

약선 데이터

체질	기체, 음허
오성	온	오미	감, 산
귀경	폐, 심장, 신장

목의 점막을 촉촉하게 하고 가래를 제거하며, 기침을 멈추게 하는 효능이 있다.
피부 점막에도 작용하여 피부의 증상을 개선한다. 식이섬유가 풍부하여 장을 촉촉하게 하는 작용이 있어 변비를 개선한다. 또한, 베타카로틴이 풍부하여 면역력을 향상시키는 효과도 있다.
다만, 산성이 강하여 과다 섭취 시 위벽이 손상될 수 있으므로 적정량을 섭취한다.

응용 포인트

수분이 많아 혈압, 체온, 관절 건강 및 심장 박동에 좋은 영향을 미친다.
폐를 보습하는 작용, 진액을 생성 하는 작용이 있다.
마른기침, 진액 손상의 갈증에 도움이 된다.

• 고르는 법
제철: 6~7월
껍질이 탄력 있고 상처가 없는 것을 고른다.
전체적으로 주황색을 띠며, 모양은 통통하고 둥글며 향기가 나는 것이 좋다.

• 보관법
상온에서 7일간 보관이 가능하며, 오래 보관할 때는 밀폐용기에 넣어 냉장고의 야채실에 보관한다.

함께 먹으면 좋아요

변비 해소에

사과

건살구와 사과를 끓여 콤포트를 만든다.
살구와 사과 모두 식이섬유가 풍부하여 변비를 개선하는 효과가 높다.

권태감 해소에

오렌지

생살구와 오렌지 껍질을 끓여 잼을 만든다.
둘 다 기의 순환을 좋게 하는 효과가 있으며, 새콤달콤한 향기가 마음과 몸을 안정시켜준다. 뜨거운 물에 녹여 마셔도 좋다.

주의
하세요

살구씨는 먹지 않는다
살구씨는 한방에서 행인(杏仁)이라 하며, 한약재로 사용된다. 그러나 독성이 있으므로 생으로는 먹지 않는다.

사과산 등으로, 피로 회복에 효과적

앵두

앵두의 원산지는 중국(동양종)과 유럽(서양종)이다. 대개 동양종은 알이 잘고 품질이 그다지 좋지 않으므로 과수로서 재배 가치가 적은 반면, 서양종은 알이 비교적 굵고 품질이 좋다.

주성분은 포도당과 과당이며, 유기산은 주로 사과산을 함유하고 있다. 과실은 주로 생식하는데 과즙이 많고 새콤달콤하다. 끓여 먹거나 술을 담그기도 하고, 잼이나 절임, 통조림 등으로 가공하며, 제과제빵에도 이용한다.

 약선 데이터

체질	혈허
오성	온
오미	감, 산
귀경	비장, 신장

 응용 포인트

혈액생성 촉진작용, 신장기능 촉진작용이 있다.

만성설사, 사지 저림, 요통에 도움이 된다.

과식하면 구토를 유발한다.

하루 사용량은 150g 이하가 적당하다.

• 고르는 법
  제철: 6~9월
  짓무르지 않고 단단하며 광택이 나고 알이 굵은 것이 맛과 효능이 좋다. 씨알이 굵은 것, 광택이 나며 단단한 것을 고른다.

• 보관법
  열매가 작고 잘 무르기 때문에, 상온 보관 시 익어서 물러질 수 있으므로 냉장 보관한다. 가급적 빨리 먹도록 한다.

 함께 먹으면 좋아요

변비 해소에

녹인 치즈를 앵두와 샐러리에 섞어 먹는다.
치즈의 장을 촉촉하게 하는 작용과 샐러리의 식이섬유가 배변을 촉진한다.

샐러리　　　치즈

자양강장에

버섯

쌀

앵두와 버섯이 들어간 치즈리조또를 만든다.
쌀과 치즈의 영양이 체력을 채워주고, 버섯의 식이섬유가 과다한 지방을 배출한다.

 주의 하세요

앵두주나 앵두청에는 씨앗을 제거한다

앵두의 씨앗에 있는 시안배당체 성분이 발효과정을 거치며 청산을 만든다고 알려져 있기 때문에, 앵두주나 앵두청을 담을 때는 100일쯤 지난 후에 씨앗을 건져낸다.

폐의 작용을 좋게 한다

은행

은행나무 열매인 은행은 폐의 작용을 돕는다고 알려져 있다. 폐의 음기를 보충하는 작용이 있어, 만성 호흡기질환에서 나타나는 만성기침, 가래, 천식을 개선하는 효과가 기대된다.
항염증 작용과 여성 대하를 억제하는 작용도 있다.
최근의 연구에서는 은행과 은행잎이 면역 기능을 조절하는 작용이 있다고 보고되었다.

약선 데이터

체질	수독 or 담습
오성	평 **오미** 감, 고, 삽
귀경	폐

응용 포인트

천식 안정작용, 대하억제 작용, 방광 소변저장 기능 강화작용이 있다.
천식, 기침, 대하, 빈뇨에 도움이 된다.
하루 사용량은 9g 이하가 적당하다.

• 고르는 법
제철 : 9~11월
단단한 겉껍질은 전체적으로 백색이고 윤기가 돌며, 알이 균일한 것을 선택한다.
알이 생생하고, 변색이나 검은 부분이 없는 것이 좋다.

• 보관법
겉껍질채로 종이봉지 등에 넣어 냉장고의 야채실에서 보관한다. 섭취하기 직전에 가열한다.

함께 먹으면 좋아요

면역력 향상에

표고버섯

물에 불린 건표고버섯과 은행을 밥을 지을 때 넣는다.
은행의 면역력 향상 효과에 표고버섯의 항암 효과가 더해져, 질병에 대한 저항력을 향상시킨다.

기침이 날 때

두부

뼈있는 닭을 고은 육수에 두부와 은행을 넣어 탕을 만든다.
은행과 두부 모두 폐의 기능을 향상시키므로, 기침을 멈추는 효과가 있어 마른기침이 지속될 때 추천된다.

주의 하세요

충분히 가열하여 섭취한다
은행은 생으로 먹으면 독성이 있으므로 충분히 가열하여 섭취한다.
하루 적정량을 섭취해야 한다.

위를 건강하게 하고, 소화를 돕는다

자두

자두는 장미과의 납엽교목인 자두나무의 과실로 오얏이라고도 한다.

수분함량이 많고 유기산이 들어있어서 신맛이 강하다. 위장의 연동운동을 증가시켜 소화를 돕는 작용이 있기 때문에 식후 복부 팽만, 대변불통에 적합하다.

주로 생식하고 말린 자두, 정과, 술 등으로 가공하며, 펙틴이 들어 있어 잼이나 젤리로도 많이 이용된다.

말린 서양자두는 철분과 칼륨, 베타카로틴이 생 과일보다 많이 농축되어 있어서 영양가가 높다.

약선 데이터

체질	양열, 음허		
오성	평	오미	감, 산
귀경	간, 신장, 비장		

응용 포인트

해열 작용, 체액생성 촉진작용, 소화 촉진작용이 있다.

과로 발열, 식체 개선에 도움이 된다.

과식하면 소화기능을 손상시킨다.

하루 사용량은 생식은 300g 이하가 적당하다.

• 고르는 법
　제철 : 7~8월
　만져보아 부드러우면 먹기에 좋은 때이다.
　표면에 분이 많은 것이 당도가 높다.

• 보관법
　덜 익은 것은 상온에서 후숙시킨다.
　다 익은 것은 키친타월에 싸서 냉장고의 야채칸에 보관하며, 가능하면 빨리 먹는 것이 좋다.

함께 먹으면 좋아요

혈압강화에

자두와 녹차를 곁들여 먹는다.
배뇨장애 해소와 혈압을 내리는데 도움이 된다

녹차

피부 미용에

자두와 바나나를 갈아서 주스를 만들어 먹는다.
피부 미용과 혈색을 좋게 하는데 도움이 된다.

바나나

**주의
하세요**

소화력이 떨어지는 사람은 과식하지 않는다
비위가 허약한 사람이 많이 먹으면 설사를 하는 수가 있다.
급만성 위염, 위궤양 등이 있는 사람은 많이 먹지 않는 것이 좋다.

항산화 효과가 높다

블랙베리

눈 건강, 시력회복에 좋은 안토시아닌 성분뿐만 아니라, 발암물질 억제 및 주근깨 예방 작용이 있는 엘라그산이 풍부하다.
카테킨 성분은 백혈구 생성 촉진 효과와 백혈구 손상 방지 효과까지 있어서 면역력을 높여준다.

약선 데이터

체질	혈허, 음허		
오성	미온	오미	감, 산
귀경	간, 신장		

응용 포인트

피로회복뿐 아니라, 눈 건강에도 좋다. 노화를 방지하여 각종 성인병 예방에도 좋은 것으로 알려져 있다

• **고르는 법**
  제철 : 7~8월(국산), 연중(수입)
  윤기가 나고 탄력이 있으며, 과즙이 스며 나오지 않는 것을 고른다.

• **보관법**
  손상되기 쉬우므로 비닐봉지 등에 넣어 냉장고에 보관한다. 2~3일 안에 다 먹는 것이 좋다.

향기 성분에 지방분해 작용이 있다

라즈베리

노화로 인한 빈뇨나 요실금, 시력 저하 등을 개선한다.
향기 성분 중에 지방 분해작용이 있는 라즈베리 케톤을 포함하고 있다.
항산화작용이 탁월하고 자외선으로 인한 피부 손상을 완화시키는 효과가 있다.

약선 데이터

체질	음허, 어혈		
오성	미온	오미	감, 산
귀경	간, 신장		

응용 포인트

라즈베리의 칼륨은 심장 박동과 혈압을 조절하는 효능이 있다.
심혈관 건강 유지에 도움이 된다.

• **고르는 법**
  제철 : 6~9월 (국산), 연중 (수입)
  탄력이 있고 윤기가 나며, 과즙이 스며나오지 않는 것을 고른다.

• **보관법**
  손상되기 쉬우므로 외기가 닿지 않도록 비닐봉지에 넣고 냉장고에 보관한다. 2~3일 안에 소비.

한방식재료

허브 향신료

양식류

채소류·버섯류

과실류

수산류

곡류·유제품

조미료·기름

눈의 증상을 완화에

블루베리

안토시아닌은 눈 망막에 있는 로돕신이라는 물질의 작용을 활성화시킨다.

안구 피로나 시력 저하 등을 개선한다. 항산화 능력이 높아 혈관의 젊음을 유지하므로, 동맥경화를 예방하고 혈류를 개선한다. 감염균에 의한 설사에도 효과적이다.

 약선 데이터

체질	음허		
오성	량	오미	감
귀경	간, 신장		

 응용 포인트

뇌 기능 향상, 염증 완화, 피부손상 방지, 콜레스테롤 조절, 체중 감소, 심장기능 향상 등의 효능이 있다.

• 고르는 법

제철 : 6~8월

열매가 탱탱하고 보라색이 진하며, 선명한 것을 고른다. 표면의 과분가 고르게 분포된 것이 좋다.

• 보관법

열매가 겹치지 않도록 밀폐용기에 넣어, 냉장고의 야채실에 보관한다.

열을 내려, 고혈압을 예방한다

딸기

혈액과 체액을 채워 열을 내리는 작용이 있어서, 몸에 과다한 열이 쌓여 혈압이 높은 사람에게 추천된다.

적당한 신맛이 타액 분비를 촉진하므로 목을 촉촉하게 하여, 목의 통증을 동반하는 발열과 마른 기침을 완화시킨다. 또한 풍부한 식이섬유가 복부 팽창과 변비를 개선한다.

 약선 데이터

체질	음허, 양열		
오성	량	오미	감, 산
귀경	간, 위, 폐		

 응용 포인트

비타민 C가 풍부하게 들어 있다.

비타민 C는 스트레스 완화, 피로 해소, 감기 치료, 피부 미백 등의 다양한 작용을 한다.

• 고르는 법

제철 : 5~6월

꼭지 부분은 싱싱하고 진한 녹색인 것을 고른다. 열매는 광택이 있고 선명한 붉은색인 것이 신선.

• 보관법

세척하지 않고 랩에 싸서 냉장고의 야채실에 보관한다.

점막과 피부를 윤택하게 하고, 건조를 방지

무화과

 약선 데이터

체질	음허, 기허, 기체		
오성	량	오미	감
귀경	폐, 위, 대장		

 응용 포인트

해열 작용, 진액 생성작용, 소화촉진 작용이
있다. 인후통, 마른기침, 장염, 식욕부진에 도
움이 된다.
하루 사용량은 건과는 60g이하, 생과는 1~2
개가 적당하다.

• 고르는 법
　제철 : 7~10월
　껍질색이 고르고 푸글푸글하지 않은 것을 고른
　다. 윗부분이 터져서 속의 과육이 보이면 먹어도
　좋다는 신호이다.

• 보관법
　비닐봉지에 넣어 냉장고의 야채실에 보관한다.
　오래 보존되지 않으므로, 구매한 후에는 가능한
　빨리 먹는 것이 좋다.

무화과에는 몸을 촉촉하게 하는 성질이 있어, 점막이나 피
부가 건조하고 입이 잘 마르는 사람에게 추천된다.
또, 식이섬유가 풍부하여 장의 기능을 조절하므로 변비
를 개선한다.
체내의 과다한 열을 식히며, 목이 붓거나 통증이 있고, 목
소리가 갈라지고, 마른 기침이 있을 때 효과적이다.
무화과의 다당류는 면역력 향상에 효과적이라고 알려져
있다.

 함께 먹으면 좋아요

몸에 열이 있을 때

배

무화과와 배에 레드와인과 당을 넣고 끓여 콤포트를 만든다.
두 재료 모두 열을 가라앉히는 효과가 있으며, 목의 통증을 완화시
키는 효과도 있다.

디톡스에

참깨

삶아서 껍질을 벗긴 무화과와 참깨를 버무린다.
무화과와 참깨 모두 식이섬유가 풍부하며, 참깨의 기름이 추가되면
디톡스 효과가 증가한다.

주의
하세요

칼슘과 함께 섭취하지 않는다
무화과에 함유된 다량의 철분이 식재료에 함유된 칼슘을 배출시킬 수 있으므로 주의해
야 한다.

다양한 목의 증상을 개선한다

석류

한약식재료

허브·향신료

양식류

채소류 및 버섯류

과실류

수산류

곡류 및 유제품

조미료 및 음료

약선 데이터

체질	음허		
오성	온	오미	감, 산, 삽
귀경	대장, 신장		

응용 포인트

진액생성 작용, 갈증해소 작용이 있다.
인후부 건조, 갈증, 만성설사에 도움이 된다.
과식에 주의한다.

석류는 수분이 풍부한 과일로 목의 갈증을 없애고, 기침이나 만성기관지염, 목의 염증, 목소리 갈라짐 등의 증상을 개선한다.
또한, 석류의 떫은 맛은 만성 설사, 혈변, 부정출혈에 효과가 있다고 알려져 있다.
항산화 작용이 있는 폴리페놀이 노화 방지에 도움을 주며, 여성호르몬과 동일한 구조를 가진 물질을 포함하고 있어 여성 갱년기장애에도 효과적이다.

• 고르는 법
　　제철 : 9~11월
　　통통하고 껍질에 탄력이 있는 것을 고른다.
　　들었을 때 무게감이 있는 것이 과즙이 많다. 수입품은 익어도 껍질이 갈라지지 않는 것이 많다.

• 보관법
　　냉장고에서 1~5도 사이로 보관하면 15일~20일 정도까지 보관 가능하다. 랩이나 키친타올로 싸서 보관하면 한 달 정도 보관할 수 있다.

함께 먹으면 좋아요

혈액 순환 개선에

양파
올리브
오일

석류즙, 간 양파, 올리브오일로 드레싱을 만든다.
이들 재료들은 모두 혈액순환을 좋게 하는 효과가 우수하다.

암 예방에

양배추

주스를 만들어 마신다. 모두 항암효과가 있는 식재료이므로 암 예방이 효과가 기대된다.
마시기 어려울 때는 사과를 추가해도 좋다.

주의하세요

어린이는 적당량을 먹는다
석류에 함유된 탄닌은 어린이의 소화 흡수를 방해할 수 있으며, 천연 에스트로겐 성분은 성장판을 빨리 닫히게 할 수 있다 .

여성 건강에 좋은 성분을 많이 함유한다

오디

약선 데이터

체질	음허, 혈허		
오성	한	오미	감, 산
귀경	간, 신장		

응용 포인트

체액과 혈액생성 촉진작용이 있다.
빈혈, 흰머리, 불면 다몽, 건조성 변비 개선에
도움이 된다.
소화기능 저하, 설사에는 금지한다.
하루 사용량은 15g이 적당하다.

오디는 뽕나무 혹은 산뽕나무의 열매로 상실(桑實)이라고
도 한다. 약간 달고 신 과일로 검게 익었을 때 먹으면 신장
을 보하고, 약간 푸르스름할 때는 간장에 좋다.
약선에서는 음을 보양해주는 식재료이다.
노화예방에 좋을 뿐만 아니라 빈혈, 여성의 폐경기 증상을
완화해준다. 변비를 조절하는 효과도 뛰어나다.
만성 간장, 신장 질환이 있는 경우는 오디나 오디꿀을 자
주 복용하면 좋다.

• 고르는 법
제철 : 7~9월
진보라색 또는 붉은색이 선명하고 탄력이 있으
며, 너무 무르지 않은 것을 고른다.

• 보관법
흐르는 물에 가볍게 씻은 후, 비닐봉지에 넣어 밀
봉하여 냉동보관한다.
오디는 쉽게 물러지므로 가능하면 빨리 먹어야
한다.

함께 먹으면 좋아요

빈혈 증상이 있을 때

용안육

마른 오디 30g과 용안육 30g을 달여서 먹는다. 오디와 용안육의 혈
액을 보양하는 효능이 빈혈 증상을 완화하며, 혈중 콜레스테롤을
낮추는 역할도 한다.

노화 방지에

요구르트

믹서에 오디를 넣고 오디가 잠길 정도로 요구르트를 부어 갈아 준
다. 꿀 등을 첨가해서 먹어도 좋다.
활성산소 제거로 노화를 방지할 수 있다

주의
하세요

비위가 허한 사람은 복용을 삼간다
오디는 찬 성질이 강하기 때문에 비위가 차거나 허한 사람, 대변이 묽은 사람은 복용하
지 않는 것이 좋다.

목의 갈증과 부종을 해소한다

포도

포도는 기와 혈을 보양하는 성질이 있어, 체액 대사를 촉진시키는 작용을 한다. 갈증을 해소하고 부종이나 소변이 잘 나오지 않는 등의 증상 개선에 도움이 된다.
주성분인 포도당은 에너지원으로 작용하며, 체내 흡수가 빨라 피로회복에 효과적이다.
포도껍질에 함유된 탄닌은 항산화 및 항균작용이 있으며, 포도씨 오일에는 콜레스테롤 수치를 낮추는 효과가 기대된다.

약선 데이터

체질	혈허, 기허, 수독, 기체
오성	평	오미	감, 산
귀경	비장, 폐, 신장

응용 포인트

보기 작용, 보혈 작용, 뼈를 튼튼하게 하는 작용, 이뇨 작용이 있다.
피로, 빈혈, 폐기능 저하, 기침, 수면 중 헛땀에 도움이 된다.
하루 사용량은 100g이 적당하다.

- **고르는 법**
  제철 : 8~10월
  가지가 녹색인 것이 신선하다.
  열매 표면에 흰 가루(과분)가 고르게 분포하며, 포도알이 촘촘히 붙어 있는 것이 좋다.

- **보관법**
  비닐봉지에 넣어서 냉장고의 야채실에 보관한다.
  보존 기준은 약 2~3일 정도이다.

 함께 먹으면 좋아요

피로 회복에

닭고기

에너지원이 되는 포도와 기와 혈을 보충하는 닭고기는 원기를 회복하는 좋은 조합이다. 검은색 포도껍질째 사용하여 닭고기와 함께 레드와인으로 푹 고아 삶는다.

빈혈 예방에

대추

건포도와 대추에 물을 넣고 고아 섭취한다.
포도와 대추 모두 혈액 생성에 효과가 뛰어나기 때문에 빈혈 예방에 효과가 있다.

주의
하세요

해산물과 함께 먹지 않는다
생선, 새우, 해조류와 함께 먹으면 메스꺼움이나 복통이 발생할 수 있으므로, 함께 먹지 않는다.

한방식재료
약선 한약재료
약식류
채소류 버섯류
과일류
수산류
육류·유제품
조미료·음료

노화로 인한 문제를 개선한다

밤

밤은 비장 기능을 돕고 기운을 증가시키는 작용이 있다.
영양소의 흡수를 촉진하고 혈액 순환을 개선하여, 체력을
회복시켜 주는 식재료이다.
신장의 노화로 인해 발생하는 노인성 허리통증이나 근육
의 약화에도 효과가 있다고 알려져 있다.
조금씩 섭취하면 노화방지 효과도 기대할 수 있다.
떫은 맛이 나는 겉껍질에 함유된 탄닌은 강력한 항산화작
용이 있어, 노화방지뿐만 아니라 항암 효과도 기대된다.

약선 데이터

체질	기허, 어혈		
오성	평	오미	감
귀경	비장, 위, 신장		

응용 포인트

이유식에 좋은 식재료이다.
소화기능 촉진작용, 신장강화 작용, 혈액순환
촉진 작용, 지혈 작용이 있다.
만성설사, 구역구토, 무릎관절 허약과, 인대
손상, 골절에 도움이 된다.

• 고르는 법
　제철 : 9~10월
　겉껍질이 탱탱하고 윤기가 있으며, 전체적으로
　짙은 갈색을 띄는 것을 고른다.
　들었을 때 무게감을 느낄 수 있는 것이 좋다.

• 보관법
　1~2%의 소금물에 껍질째 약 10시간 정도 담가
　두었다가, 물기를 닦아내고 말린다. 그 후, 공기
　구멍이 뚫린 비닐봉지에 넣어 냉장고 보관한다.

함께 먹으면 좋아요

체력 회복에

쌀

밤밥을 만들어 먹는다.
밤과 쌀은 모두 영양소를 온 몸에 골고루 전달하는 비장의 기능을 돕기
때문에, 상호작용으로 인해 체력 회복 효과를 기대할 수 있다.

노화 방지에

돼지고기

밤과 돼지고기를 소금과 술로 맛을 낸 후 삶는다. 밤과 돼지고기는 노화
와 관련된 신장 기능을 돕는 식재료이다. 돼지고기는 붉은 고기를 사용
하며, 뼈에 붙은 고기를 사용하면 더욱 효과가 높아진다.

주의
하세요

생밤을 많이 먹으면, 소화불량을 일으킬 수도 있다
위가 약한 사람은 생밤은 피하는 것이 좋다
생밤을 많이 먹으면 속이 더부룩하고 소화가 잘 되지 않을 수 있다

간의 기능을 향상시킨다

아몬드

영양 면에서는 매우 우수하지만 탄수화물 함량이 낮은 편이어서, 밀가루 대신 저당식의 각종 레시피에 사용된다.
올레산, 리놀레산 등의 불포화지방산뿐 아니라, 미네랄도 풍부하다.
특히 알파토코페롤 형태의 비타민 E가 매우 많아 강력한 항산화작용을 발휘한다.
3대 영양소의 대사에 필수적인 비타민 B2와 단백질도 풍부하여 간 기능을 향상시킨다.

약선 데이터

체질	기체, 음허		
오성	평	오미	감
귀경	폐, 대장		

응용 포인트

폐를 보습하는 작용, 기침과 천식을 진정시키는 작용이 있다.
과로로 인한 기침, 천식, 건조성 변비에 도움이 된다.

- 고르는 법
  제철 : 연중
  상처가 없고 색이 선명한 것을 선택한다.

- 보관법
  밀폐 용기에 넣어 냉장고의 야채실에 보관한다.
  시간이 지나면 산화되어 맛과 향이 떨어지므로 양이 많은 경우에는 냉동 보관한다.
  껍질이 있는 것이 산화 속도가 느리므로, 저장 기간이 길다.

함께 먹으면 좋아요

피로 회복에

딸기 오렌지

아몬드에 함유된 비타민 E는 딸기, 오렌지, 키위 등에 포함된 비타민 C와 결합할 경우 맛도 좋아지고, 건강에도 보다 강력한 효과를 낸다.

혈당흡수 조절에

초콜렛

아몬드와 초콜렛을 함께 먹는다.
초콜렛을 섭취함으로써 혈당수치가 높아져서 당뇨로 이어질 수 있다. 마그네슘이 풍부한 아몬드가 이것을 조절한다.

주의 하세요

과식하지 않는다
아몬드를 너무 많이 먹으면 체중이 증가할 수 있으며, 이로 인해 무기력증, 헛배부름, 설사, 두통 등이 올 수 있다.

빈혈과 어지럼증에 좋다

땅콩

땅콩은 대표적인 고지방, 고단백, 고칼로리의 건강식품
이다.
불포화지방산과 올레인산, 리놀레산이 많아 콜레스테롤
을 낮추고 동맥경화를 예방해준다.
약선에서는 혈액을 보양하는 재료로 알려져 있다.
빈혈과 어지럼증에 효과가 있으며, 껍질이 있는 땅콩과 돼
지족발을 삶아 먹으면 모유 부족을 개선할 수 있다.
또한 장을 촉촉하게 하여 변비를 해소한다.

 약선 데이터

체질	기허, 음허		
오성	평	오미	감
귀경	폐, 비장		

 응용 포인트

병후식에 좋은 식재료이다.
땅콩에는 올레인산, 리놀레산이 풍부하기 때
문에 나쁜 콜레스테롤 수치를 감소시켜준다.
또 불포화지방산이 많이 함유되어 있어 뇌신
경세포가 파괴되는 것을 막아준다.

• 고르는 법
  제철 : 8~9월
  건조한 것은 껍질이 갈라지지 않고 곰팡이 냄새
  가 나지 않는다.

• 보관법
  생것은 상온에서 오래 보관할 수 없으므로 보관
  할 때는 냉동실에 보관한다.
  건조한 것은 통풍이 잘되고 습도가 낮은 곳에서
  보관한다.

 함께 먹으면 좋아요

소화기능 허약에

찹쌀   대추

생땅콩 30g, 찹쌀 60g, 대추 30g에 물을 붓고 죽을 끓여 먹
는다. 비위가 허약하여 소화가 잘 안되고, 영양 공급이 부
실할 때 도움이 된다.

만성피로, 식욕부진에

꽃양배추

땅콩과 꽃양배추를 같이 볶는다.
만성피로, 식욕부진, 마른기침에 도움이 된다.

 주의
하세요

땅콩 알레르기에 주의한다
일부 사람들에게는 강력한 알레르기를 유발할 수도 있다.
피부가 부어오르거나 호흡곤란이 오는 등 알레르기 반응이 있다면 땅콩을 피해야 한다.

장을 촉촉하게 하여, 배변을 돕는다

잣

잣나무의 열매인 잣은 지방을 풍부하게 함유하고 있어,
장을 촉촉하게 하므로 배변을 잘되게 하는 효능이 있다.
또, 불포화지방산과 다량의 무기질을 함유하며, 맛이 달고
향기롭고 영양이 풍부하다.
특히, 노인허약체질, 병후, 산후의 변비에 먹으면 효과가
좋다.
거친 피부를 매끄럽게 하고 혈압을 내리며 체력을 강화시
킨다. 또, 마음을 안정시켜 주며 불면증, 피부의 가려움증,
빈혈 등에도 효과가 있다.

약선 데이터

체질	음허		
오성	온	오미	감
귀경	폐, 대장		

응용 포인트

병후식에 좋은 식재료이다.
장내 보습작용, 폐 보습작용이 있다.
건조성 변비, 마른기침에 도움이 된다.
하루 사용량은 10g이 적당하다.

• 고르는 법
  제철 : 9~11월
  잣의 표면에 상처가 있거나, 깨지거나 손상된 잣
  은 피한다. 냄새를 맡았을 때, 고소한 향이 나는
  것을 고른다.

• 보관법
  잣은 지방산이 많아서 금방 상할 수 있다.
  비닐봉지에 밀봉해서 냉장보관하는 것이 좋다.
  오래 보관해야 할 잣은 냉동보관한다.

함께 먹으면 좋아요

병후 체력 회복에

쌀

잣과 쌀로 죽을 끓이면 소화흡수가 잘되며, 변비에도 효과가 좋다.
몸이 허약하거나, 노인 허약자의 병후식, 병후에 쇠약해진 체력을 회복
하는데 도움이 된다.

변비 해소에

호도

꿀

잣, 호도 각각 30g을 갈아서 중탕처럼 고아 꿀을 섞어 먹
는다. 노인에게 흔하게 발생하는 장이 건조하여 생기는 장
조변비에 효과가 좋다.

주의
하세요

과다 섭취시 설사를 일으킬 수 있다
과다 섭취시 높은 열량으로 인해 설사를 일으킬 수 있으며, 비만을 유발할 수 있다.
하루 10알 정도 적당량을 섭취한다.

한방식재료

약이 되는 한상차림

약선류

채소류 · 버섯류

과실류

수산류

곡류 · 유제품류

조미료 · 음료

뇌의 작용을 활성화한다

호두

호두에는 불포화지방산이 풍부하다. 약선에서는 노화와 관련된 신장의 기능을 강화한다고 하여, 일상적으로 섭취하면 뇌의 노화를 예방할 수 있다고 알려져 있다.

폐 기능을 향상시키는 효과도 있어, 천식이나 체온 저하에도 효과가 기대된다.

유지성분이 장을 촉촉하게 하여 변비를 완화시키지만, 소화가 잘 안되어 설사가 있는 사람이나 위장이 약한 사람은 섭취량에 주의해야 한다.

약선 데이터

체질	양허, 기허
오성	온	오미	감
귀경	신장, 폐, 간

응용 포인트

신장기능 강화작용, 폐를 따듯하게 하는 작용, 장을 촉촉하게 하는 작용이 있다.
빈뇨, 요실금, 만성기침, 건조성 변비에 도움이 된다.
열성천식에는 사용을 금한다.

• 고르는 법
제철 : 10~12월
껍질에 구멍이 있는 것은 속에 벌레가 있을 수 있으므로 피한다. 무게감이 있는 것이 좋다.

• 보관법
산화 방지를 위해 껍질이 있는 상태로 보관한다.
열매는 밀폐용기에 넣어 냉장고의 야채실에 보관한다.
장기 저장할 때는 냉동실에 보관한다.

함께 먹으면 좋아요

노화 방지에

새우

속껍질이 있는 호두와 함께 볶음요리를 만든다.
호두와 새우 모두 노화와 관련이 있는 신장의 기능을 강화하는 효과가 있어 노화 방지에 도움이 된다

빈혈 예방에

시금치

삶은 시금치에 속껍질을 제거한 호두를 갈아 넣어 버무린다.
호두의 불포화지방산은 간 기능을 향상시키고, 시금치는 혈액의 중요 성분인 철분을 보충한다.

주의
하세요

농도가 진한 차와 함께 섭취하지 않는다.
농도가 진한 차에 함유된 다량의 탄닌은 호두의 유효성분 흡수를 방해할 수 있으므로 같이 섭취하지 않는다.

피로 회복, 노화 방지에

망고

환약식재료
약념해산료
약식류
채소류·맛집류
과실류
수산류
약류·유제품
조미료·향료

망고는 아열대지역에서 자라는 옻나무과의 과일이다.
몸속의 열을 식히고 갈증을 해소하는 효과가 있으며, 이
뇨 작용도 뛰어나다.
영양소로는 항산화 비타민인 비타민 C와 카로틴이 풍부
하다.
노란색 색소에는 레몬플라보노이드라는 에리오시트린이
함유되어 있어, 지방의 산화를 억제하며 노화방지에도 효
과적이다.
구연산과 당질도 풍부하여, 피로 회복에도 좋다.

 약선 데이터

체질	음허
오성	량 **오미** 산, 감
귀경	폐, 위

 응용 포인트

소화 기능 촉진, 진액 생성, 구토 억제, 기침 억
제 작용이 있다.
갈증, 구토, 식욕부진 개선에 도움이 된다.
비타민 C와 같은 수용성 비타민이 많이 함유
되어 있다.

- **고르는 법**
  제철 : 7~9월 (국산)
  색상이 선명하고 탄력이 있으며, 너무 부드럽지
  않은 것이 좋다.

- **보관법**
  실온에서 보관한다. 7~8도로 냉장 보관하면 후
  숙이 억제된다.
  하지만 너무 낮은 온도로 보관하면 상할 수 있으
  므로 주의해야 한다.

 함께 먹으면 좋아요

여름피로, 피로 회복에

레몬

생으로 먹을 때는 레몬 등을 뿌려서 먹는다.
구연산이 피로 물질인 유산을 억제하여, 피로 회복효과를 더욱 향
상시킨다.

소화력 향상에

육류

해산물

단백질을 분해하는 작용이 있어, 육류와 해산물을 부드
럽게 만들어 줌으로 소화를 촉진한다.
볶음요리나 절임 소스로 사용해도 좋다.

**주의
하세요**

몸을 차게 하므로 과식은 피한다

당질이 많아 당뇨병 환자에게는 적합하지 않다.
내장을 차게 하므로 과식은 피한다. 특히 추운 계절에는 피하는 것이 좋다.

체액을 보충하고, 갈증을 해소한다

멜론

약선 데이터

체질	음허, 양열, 기체
오성	한 　오미　 감
귀경	심장, 비장, 위, 폐, 대장

 응용 포인트

해열 작용, 갈증해소 작용, 이뇨 작용, 식욕 촉진 작용이 있다.
일사병, 진액 고갈의 갈증에 도움이 된다.

몸속의 과다한 열을 효과적으로 낮추는 효과가 있어, 열이 있는 때는 물론 불안한 마음을 진정시키는 데에도 사용된다.
체액을 보충하고 갈증을 해소하는 효능이 있어, 더위 먹었을 때 섭취하면 증상이 완화된다.
또한, 위장 기능을 개선하고 점막을 촉촉하게 유지하여, 소화 기능을 향상시키고 변비를 개선하는 효과도 있다.
칼륨이 풍부하여 고혈압 환자에게도 추천된다.

• 고르는 법
　제철 : 7~10월
　표면에 그물망이 있는 것은 그물망이 깨끗한 것을 선택한다. 그물망이 없는 것은 표면에 상처가 없고 윤기가 나는 것이 좋다. 바닥 부분이 부드럽고 달콤한 향이 나면 잘 익은 것이다.

• 보관법
　통째로 상온에서 보관하고, 먹기 전에 냉장고로 옮긴다. 자른 것은 비닐랩으로 싸서 냉장 보관.

 함께 먹으면 좋아요

일사병 예방에

감자

감자로 만든 수프에 멜론주스를 첨가하여 차갑게 해서 마신다.
망고와 감자 모두 몸속의 과도한 열을 효과적으로 낮추는 효과가 있어 일사병 예방에 효과적이다.

고혈압 예방에

양파

양파 슬라이스와 멜론을 섞어 샐러드를 만든다.
양파와 멜론 모두 혈액을 맑게 하는 효과가 있다.
햄이나 회를 추가하여 카르파쵸를 만들어 먹어도 좋다.

주의
하세요

위장이 약한 사람은 상온으로 섭취한다
망고의 찬 성질이 체온을 낮추기 때문에, 몸이 차거나 설사를 잘 하는 사람은 상온으로 섭취한다.

피로할 때, 영양 보충으로

바나나

몸속에 쌓인 과도한 열을 식혀주고, 폐를 촉촉하게 하는 작용이 있다.

수용성 식이섬유가 풍부하여 장벽을 보호하고, 노폐물을 체외로 배출하는 기능이 있어 변비를 개선한다.

만성적인 기침이나 숙취를 개선하는 효과도 있다.

고칼로리이고 빠르게 에너지로 전환되므로 체력 회복을 촉진시킨다.

따라서 운동 시, 피로 시 영양 보충으로 적합하다.

 약선 데이터

체질	음허, 양열		
오성	한	오미	감
귀경	비장, 위, 대장		

 응용 포인트

해열 작용, 폐를 보습하는 작용, 배변 촉진작용이 있다.

열성 질환의 갈증, 마른 기침, 건조성 변비에 도움이 된다.

• 고르는 법

제철 : 연중(수입)

껍질이 짙은 노란색이며, 전체적으로 균일한 색인 것이 좋다. 껍질이 갈색이고 주근깨 모양의 반점이 나타나면, 먹어도 좋다는 신호이다.

• 보관법

하나씩 비닐봉지에 넣어서 냉장고의 야채실에 보관한다. 후숙시킬 때는 서로 겹치지 않게 하나씩 분리해서 실내에 매달아 둔다.

 함께 먹으면 좋아요

변비 해소에

 요구르트

바나나는 식이섬유가 풍부하고 요구르트에는 장을 진정시키는 작용이 있어, 함께 섭취하면 변비 개선 효과가 높아진다.

피로 회복에

 콩가루

바나나의 탄수화물은 빠르게 에너지로 전환되며 콩가루는 에너지 대사를 촉진하여, 신속하게 피로가 회복된다.

개인의 취향에 따라 꿀을 넣어 먹어도 좋다.

 주의 하세요

당뇨병 환자는 주의가 필요하다

섭취 후 혈당이 급격히 상승하여 잘 내려가지 않기 때문에, 당뇨병 환자는 섭취를 삼가는 것이 좋다.

한방 식재료

왜 몸 한식

약 식 류

채소류·버섯류

과실류

수산류

곡류·두서류

조미료·음료

혈액을 보충하여, 빈혈을 개선한다

여지

중국의 미인 양귀비가 즐겨 먹었다고 알려진 과일이다. 약선 요리에서는 생과일뿐 아니라 건조한 것도 사용한다. 비장의 기능을 보충하여, 부족한 혈액을 생성시킨다. 혈액순환을 개선하며, 소화흡수를 촉진하고, 피부와 머리카락에 탄력과 윤기를 준다.
또한, 짜증난 기분을 진정시키고 스트레스로 인한 메스꺼움이나 트림을 해소하는 효과도 있다.
임신 초기에 필요한 엽산도 풍부하게 함유하고 있다.

약선 데이터

체질	음허, 혈허, 기체
오성	온
오미	감, 산
귀경	비장, 위, 간

응용 포인트

혈액생성 촉진 작용, 소화기능 촉진 작용, 붓기 제거 작용이 있다.
병후 신체허약, 갈증해소, 식욕부진에 도움이 된다.

• 고르는 법
  제철 : 6~7월
  껍질의 바늘이 뾰족할수록 신선하다.
  과피가 단단하고 검게 변질되지 않은 것을 선택한다.

• 보관법
  생 여지는 비닐봉지에 넣어 냉장고의 야채실에 보관한다.
  4~5일 지나면, 맛이 떨어지므로 빨리 섭취한다.

함께 먹으면 좋아요

설사 개선에

대추

건조 여지와 대추를 끓여 콤포트를 만든다.
여지와 대추는 모두 비장의 기능을 좋게 하고 장의 기능을 강화시키는 효과가 있으므로, 설사 증상을 개선할 수 있다.

체력 회복에

마

여지와 마가 들어간 죽을 만든다.
소화가 잘되는 죽으로 만들면, 여지의 소화기능 촉진 작용이 마의 체력을 회복시키는 성분을 쉽게 체내로 흡수할 수 있다.

주의 하세요

과도한 섭취를 피한다
과도한 섭취는 체온을 상승시킬 수 있으므로 주의한다.
또한, 몸에 열이 있는 사람은 적정량을 섭취하는 것이 좋다.

위의 불쾌감을 해소한다

자몽

상큼한 향이 기를 순환시켜 위의 작용을 향상시킨다.
해독 작용이 있으며, 알코올 분해를 촉진하여 숙취에도
효과적이다.
자몽에 함유된 이노시톨은 동맥경화 예방과 간의 대사기
능을 향상시키는 작용이 있다고 알려져 있다.
과육이 흰색과 빨간색이 있는데, 빨간색에는 리코핀과 베
타카로틴이 함유되어 있다.

약선 데이터

체질	기체
오성	한 / 오미 / 감, 산
귀경	폐, 간, 비장

응용 포인트

진액 생성촉진 작용, 식욕촉진 작용, 붓기 제
거 작용, 이뇨 작용이 있다.
진정제, 면역억제제, 고혈압약 등과 동시 복
용을 피한다.

• 고르는 법
  제철 : 4~5월
  껍질이 선명한 색이고 큰 것일수록 잘 익은 것이
  어서 맛이 좋다.
  들었을 때 무게감이 있으면, 과즙이 풍부한 것이
  다. 껍질에 얼룩이 있는 것은 별 문제 없다.

• 보관법
  고온 다습하지 않는 실내에 보관한다.
  차게 해서 먹을 때는, 먹기 전에 냉장고에 넣는다.

함께 먹으면 좋아요

숙취 해소에

당근

당근주스에 자몽주스를 추가한다. 당근의 베타카로틴은 자몽의 해
독작용을 촉진시킨다. 자몽의 구연산은 피로물질이 젖산을 분해
하여 배출을 높는 작용을 하므로 피로와 숙취해소에 도움이 된다.

비만 예방에

미역을 생강식초로 무친다.
자몽의 향이 스트레스를 해소하고 과식을 방지하며, 미역의 식이섬
유는 노폐물의 배출을 촉진한다.

미역

주의
하세요

몸을 따뜻하게 하는 식재료를 더한다
요리에 사용할 때는 생강과 같은 몸을 따뜻하게 하는 재료를 추가하면, 자몽의 몸을 차
게 하는 효과를 완화시킬 수 있다.

몸의 열을 제거하고, 스트레스를 완화

키위

 약선 데이터

체질	양열, 음허
오성	량	오미	감, 산
귀경	신장, 위

몸속의 과도한 열을 효과적으로 제거하고, 갈증을 해소한다. 몸의 열을 식혀 짜증, 미열, 고혈압을 개선하는 효과도 있다.

이뇨 작용이 뛰어나서 배뇨가 잘 안될 때에도 효과가 있는 것으로 알려져 있다.

또한, 위의 기능을 조절하여 식욕부진, 트림, 속쓰림과 같은 위의 불쾌한 증상을 완화시킨다. 비타민 C를 풍부하게 함유하고 있어, 면역력 향상도 기대할 수 있다.

 응용 포인트

해열 작용, 갈증해소 작용이 있다.
속열, 갈증해소, 육식 소화에 도움이 된다.
변비 및 변비형 과민성대장증후군에 효과가 있다.

• 고르는 법
제철 : 봄~겨울(국산), 봄~가을(수입)
껍질에 상처나 얼룩이 없는 것, 솜털이 전체를 덮고 있으며 빳빳한 것이 좋다.

• 보관법
익은 것은 비닐봉지에 넣어 냉장고의 야채실에서 1주일 동안 보관할 수 있다.
열매가 단단한 경우에는 실온에서 후숙시킨다.

 함께 먹으면 좋아요

간 기능 향상에

오징어

올리브오일로 무쳐 샐러드를 만든다.
오징어에 함유된 타우린은 간 기능을 향상시키는 효과가 있으며, 키위는 오징어의 소화흡수를 촉진한다.

자양강장에

돼지고기

파인애플 대신 키위를 사용하여 탕수육을 만든다.
돼지고기는 기력을 향상시키는 비타민 B1을 함유하고 있어서, 체력 회복에 도움이 된다.

주의
하세요

요구르트와 섞어 먹지 않는다
키위의 단백질 분해효소가 요구르트의 단백질을 분해하여 쓴맛이 나게 한다.
먹기 직전에 섞어 섭취한다.

여름 더위, 소화불량에 효과적이다

파인애플

몸속에 쌓인 과도한 열을 제거하고 기력을 높이며, 체액을 보충하여 일사병 예방과 여름 피로 해소에 도움이 된다.
또한, 위장 기능을 향상시켜 소화를 돕기 때문에 과식으로 인한 소화불량이나 변비에도 효과적이다.
단백질 분해효소가 있어 육류의 소화에도 도움이 된다.
체내의 과도한 수분을 배출하여 부종이나 숙취에도 추천된다.

약선 데이터

체질	기허, 음허		
오성	량	오미	감, 산
귀경	위, 방광		

응용 포인트

해열 작용, 갈증해소 작용, 소화촉진 작용이 있다.
육식으로 인한 식체에 도움이 된다.
과식에 주의 한다.

•고르는 법

제철 : 6~8월(국산), 연중(수입산)
만져 보아 단단하고 꽉 찬 느낌이며, 위는 짙은 녹색이고 아래는 노란색인 것을 고른다.
자른 것은 과즙이 흐르지 않는 것이 좋다.

•보관법

통째로는 그대로 냉장고의 야채실에 넣어 2~3일 동안 보관할 수 있다. 자른 것은 비닐랩으로 싸서 비닐봉지 넣어 냉장고의 야채실에 보관한다.

함께 먹으면 좋아요

피로 회복에

닭고기

닭가슴살을 볶고, 그 위에 파인애플을 얹는다.
파인애플의 구연산이 닭가슴살의 피로회복 효과를 증가시킨다.

변비 해소에

오이

참깨

적당한 크기로 자른 파인애플과 오이에 참깨드레싱에 곁들인다. 파인애플의 식이섬유, 오이의 체내 열을 식히는 작용, 참깨의 오일 성분이 변비를 개선한다.

주의하세요

우유와 함께 먹으면 쓴맛이 난다
파인애플에 포함된 단백질분해효소가 우유의 단백질을 쓴맛이 나는 성분으로 분해시키기 때문에 함께 섭취하지 않는 것이 좋다.

지방 분해를 도와 다이어트에 좋다

야자

약선 데이터

체질	기허		
오성	량	오미	감
귀경	위, 비장, 대장		

응용 포인트

비장과 신장의 기능을 촉진하는 작용이 있으며, 유즙분비 촉진작용도 있다.
각종 부종, 유즙 부족에 도움이 된다.
하루 사용량은 건조품 10g이 적당하다.

야자는 야자나무과의 열대식물인 야자나무의 열매이다. 중과피는 섬유질이고 내과피는 딱딱하며 안에 하나의 종자가 들어 있다.
야자의 새로 나온 순은 샐러드 또는 채소로 먹으며, 수피에는 수지가 들어 있고, 뿌리는 약용으로 사용한다.
종자는 달여서 먹으며, 속은 생으로 먹거나 즙을 내어 먹는다. 식이섬유가 풍부하고 카로리가 낮기 때문에 지방분해를 도와 다이어트에 좋다.

• **고르는 법**
  크기가 크고 흔들어서 액체소리가 나며 금이 가지 않은 것을 선택한다.

• **보관법**
  직사광선만 피해서 실온에 보관하며, 냉장보관은 피한다.
  개봉하지 않고 실온에서 최대 6개월까지 보관할 수 있다.

함께 먹으면 좋아요

여름더위 해소에

배즙과 야자즙을 섞어 청량음료 대용으로 마신다.
시원하게 해서 마시면 청량감이 뛰어나다.

배

감기 예방에

코코넛밀크에 바나나를 넣고 끓여 태국식 디저트를 만든다.
감기 걸렸을 때나 감기 예방에 간식으로 먹어도 좋다.

바나나

주의 하세요

몸이 찬 사람은 섭취를 삼가한다
몸이 차거나 대변이 묽은 사람은 되도록 피하는 것이 좋다.

07
PART

수산류

수산류는?

-약선에서 주로 사용되는 것은 민물생선이다-

중국에서는 해변보다 내륙에 사는 사람들이 많아 해산물보다 민물생선이 일반적이며, 약선 요리에서도 주로 민물생선이 사용되고 있다.

잉어, 미꾸라지, 붕어, 조기, 갈치 등이 약선 요리에서 사용되는 대표적인 어종이다. 등이 푸른색이고 고기가 붉은색 어종은 알레르기의 원인이 될 수 있다고 여겨서, 약선 요리에서는 그다지 많이 사용되지 않는다.

반면 우리나라에서는 바다생선을 많이 먹는다. 특히 꽁치, 고등어, 조기, 정어리, 전갱이, 참치 등의 등푸른 생선은 뇌를 활성화시키는 DHA와 혈액 순환을 도와주는 EPA를 함유하고 있어 영양학적으로 우수한 식품으로 알려져 있다.

조개류는 체내의 과도한 열을 제거하거나 몸을 촉촉하게 해주는 작용이 있다. 껍질에도 약용성분이 많이 함유되어 있어 한방 생약으로 사용되고 있다.

또한, 새우, 게, 오징어, 문어 등은 콜레스테롤 수치를 낮추는 작용이 있는 타우린이 풍부하다. 해조류는 신장의 기능을 강화하고 노화를 예방하는 미네랄의 보고이다.

피를 맑게 하며, 뇌를 활성화시킨다

고등어

행복식재료

한곡·향신료

육식류

채소류·버섯류

과실류

수산류

육류·유제품

조미료·음료

약선 데이터

체질	기허, 기체
오성	평
오미	강, 함
귀경	비장, 폐

응용 포인트

병후식에 좋은 식재료이다.
소화기능 촉진작용, 피로개선 작용이 있다.
소화기능 저하, 소화불량, 신경쇠약에 도움이 된다.
하루 사용량은 200g이 적당하다.

•고르는 법
제철 : 가을~겨울
눈이 탁하고 흐리지 않으며, 아래 부분이 무지개색으로 빛나는 것이 좋다. 토막이 싱싱하고 자른 부분이 단단한 것을 선택한다.

•보관법
신선도가 빠르게 떨어지지만, 반으로 갈라서 소금으로 간한 것은 냉장 보관하면 어느 정도 신선도를 유지할 수 있다.

위의 기능을 회복시키고 체력을 강화하며, 혈액 순환을 촉진하는 효과가 있다고 알려져 있다.
스트레스를 해소하는 작용도 있다. 쉽게 피로하거나 식욕이 없는 사람에게 추천되는 식재료이다.
고등어에 풍부한 불포화지방산 EPA는 항혈전 작용과 콜레스테롤 수치를 낮추는 효과가 있다.
또한, 뇌 기능을 돕는 DHA도 풍부하게 함유하므로, 뇌의 작용을 활성화하는 효과도 기대할 수 있다.

함께 먹으면 좋아요

식욕 증진에

강황

고등어를 그릴에 구워 강황이 함유된 카레가루로 양념한다. 고등어는 위의 작용을 촉진시키고 소화 흡수를 도와주며, 카레가루의 매운 맛이 식욕을 자극하여 식욕부진을 해소해준다.

기분이 우울할 때에

생강

고등어에 생강즙을 넣고 된장이나 간장으로 조리한다. 둘 다 막힌 기를 풀어주어 우울한 기분을 해소하는데 도움을 준다.
따뜻한 성질을 가진 생강이 조화를 시켜준다.

주의 하세요

알레르기가 있는 사람은 주의한다
신선도나 체질에 따라 특히 알레르기가 발생하기 쉬운 식재료이다.

비타민 E와 철분이 빈혈을 예방한다

꽁치

 약선 데이터

체질	기허
오성	평 오미 감
귀경	비장, 위, 폐

 응용 포인트

기름은 불포화지방산인 EPA와 DHA로 중성지방을 낮추고 혈전을 막는 작용을 하며 동맥경화를 예방하고 개선하는 데도 효과적이다. 아미노산인 타우린은 심장과 간의 기능을 높인다.

• 고르는 법
　제철 : 가을
　껍질이 광채롭고 살이 단단한 것이 신선하다.
　입끝이 약간 노란색이고, 몸통이 두꺼운 것이 기름기가 많고 맛있다.

• 보관법
　상하기 쉬우므로 구입한 날에 먹는 것이 좋다.
　그렇지 않을 경우, 조리해서 냉장고에 보관한다.

꽁치는 다른 생선에 비해 값싼 생선으로, 가공된 통조림으로 손쉽게 구입할 수 있다.
불포화지방산 EPA와 DHA는 지질대사를 개선하고 뇌 기능을 활성화하는 데 도움이 된다고 알려져 있다.
동맥경화 및 생활습관병이 우려되는 사람들은 적극적으로 섭취하는 것이 좋다.
또한, 혈액 생성을 촉진하는 비타민과 철분이 풍부하여 빈혈 예방에 좋으며, 피부미용에 효과적인 콜라겐도 풍부하게 함유하고 있다.

 함께 먹으면 좋아요

혈전 예방에

양파

소금을 조금 뿌린 횟감용 꽁치를 간 양파와 식초로 하루 정도 절인다. 꽁치와 양파 모두 혈액순환을 원활하게 하는 효과가 있어 혈전 예방에 도움이 된다.

자양강장에

쌀

신선한 꽁치에 생강, 다시마, 간장, 술 등을 넣어 꽁치밥을 만든다. 꽁치와 쌀은 모두 위장의 기능을 조절하고, 피로한 몸에 에너지를 공급하는 효능이 있다.

주의 하세요

구우면 영양분이 소실된다
지방이나 콜라겐은 구우면 영양분이 손실되므로, 찌개 등으로 만드는 것이 영양소가 유지되는 가장 좋은 조리 방법이다.

저칼로리이고, 영양이 풍부하다

대구

혈액과 기력을 보충하여 숨이 차거나, 피로, 어지러움, 심계항진 등을 개선한다.

간의 기능을 향상시키는 타우린과 글루타치온이 풍부하여 술안주나 숙취가 있을 때 섭취하면 좋다.

고품질 단백질이 풍부하고 칼로리가 낮아 다이어트 식단으로도 추천된다.

비타민 D 함유량이 많아 다른 식품의 칼슘 흡수를 촉진한다.

약선 데이터

체질	기허, 어혈
오성	평
오미	감
귀경	간, 신장, 비장

응용 포인트

혈행개선 작용, 배변촉진 작용이 있다.
타박상, 외상 출혈, 변비에 도움이 된다.
칼슘의 흡수를 촉진하는 비타민 D가 풍부하다. 뼈의 강화와 근육의 합성을 촉진한다.

• 고르는 법
제철 : 겨울
생선살이 풍성한 것이 좋다.
토막은 연한 핑크빛이 돌고 투명한 느낌이며, 팩 안에 피나 물이 고이지 않은 것을 선택한다.

• 보관법
냉장고에 보관하고, 유통기한 내에 사용하도록 한다.
냉동보관도 가능하다.

함께 먹으면 좋아요

고혈압 예방에

다시마

대구와 다시마로 국물요리를 만든다. 다시마는 건더기로 먹는다. 둘 다 칼륨이 풍부하여 혈압을 낮추는 데 효과적이다. 다시마의 맛으로 인해 소금을 적게 사용해도 맛있게 먹을 수 있다.

스트레스 완화에

우유

대구와 우유에 양파, 마늘, 올리브오일, 감자 등을 넣어 오븐에 굽는다. 우유의 칼슘은 기분을 가라앉히는 효과가 있으며, 대구의 비타민 D가 칼슘의 흡수를 촉진한다.

주의 하세요

신선도가 떨어지면, 특유의 악취가 생길 수 있다
신선도가 떨어지면 특유의 악취가 생길 수 있으므로, 되도록 신선한 상태에서 조리하는 것이 좋다.

한방식재료
완두·효소류
육식류
채소류·버섯류
과실류
수산류
육류·유제품
조미료·음료

소화가 잘 되고, 깊은 맛이 풍부하다

도미

자양강장에 좋은 영양을 제공하며 성장, 발육, 생식과 관련된 신장의 기능을 강화하는 식재료이다.

질병 후, 출산 후 및 고령자에게 적합하다.

노화방지 효과를 기대할 수 있으며, 영양이 풍부하여 모유 분비를 촉진하는 작용도 있다.

소화가 잘되므로 위장이 약한 사람도 안심하고 섭취할 수 있다.

아미노산의 일종인 타우린도 풍부하여 간 기능을 활성화시켜 피로 회복, 시력 회복 등에 도움을 준다.

 약선 데이터

체질	기허, 혈허
오성	평 오미 감
귀경	비장, 위, 신장

 응용 포인트

병후식, 이유식에 좋은 식재료이다.

해열 작용, 가래 제거작용, 혈행 개선작용, 소화촉진 작용. 병후 신체허약, 유즙 부족, 식욕부진 개선에 도움이 된다. 당질을 에너지로 바꾸는 비타민 B1이 피로 해소에 도움이 된다.

• 고르는 법

　제철 : 겨울~봄

　눈이 맑고 몸색이 선명한 것을 선택한다.

　토막은 생선살의 거무스름한 부분이 선명한 빨간색이며, 흰 살이 투명하고 탱탱한 것이 좋다.

• 보관법

　냉장고에 보관하고 유통기한 내에 소비한다.

　머리와 내장을 제거하고 물기를 뺀 다음, 키친타올로 감싸서 비닐랩을 씌워 냉장실에 보관한다.

 함께 먹으면 좋아요

산후 체력회복에

감귤류, 미역 등과 함께 섭취하면 산후 체력회복 및 모유 분비를 촉진하는 효과가 높다.

감귤류　　　미역

자양강장에

도미와 마찬가지로 신장의 기능을 강화시키는 효과가 있는 홍합을 함께 섭취하면, 신장의 기능이 더욱 좋아진다.

이탈리아 요리인 아쿠아파짜(Acqua Pazza)도 추천한다.

홍합

 주의 하세요　가열하여 섭취하는 것이 좋다

특별히 음식 조합의 금기나 맞지 않는 체질 등은 없지만, 기생충을 방지하기 위해 생식용 이외에는 가열하여 섭취하는 것이 좋다.

폐를 촉촉하게 하여, 가래와 기침을 진정

멸치

 약선 데이터

체질	기허
오성	평	오미	감
귀경	비장

 응용 포인트

멸치에는 우유의 10배 이상의 칼슘이 함유되어 있다. 오메가-3 지방산이 풍부하여 심장 건강에 도움이 된다.
철분과 구리가 풍부하여 빈혈 예방에 도움이 된다.

• 고르는 법
  제철 : 봄, 가을
  누런 빛이 심하지 않고 은빛이 은은하게 나는 것,
  마른 멸치는 부스러기가 많이 없는 것이 좋다.

• 보관 법
  마른 멸치는 소분한 후, 비닐봉지에 넣어 냉장보관한다.

칼슘의 제왕이라 불리며 뼈를 튼튼하게 해주고 어린이들 발육에 좋다고 알려져 있다.
우유와 더불어 아이들에게 많이 권하는 식품이다.
우리나라에서는 주로 말려 볶아 먹거나 젓갈로 담그기도 하며, 각종 요리의 감칠 맛을 내는 조미료 역할을 한다.
멸치는 살과 뼈를 전부 먹을 수 있어 뼈와 치아 형성에 절대적으로 필요한 칼슘과 인의 섭취에 매우 좋은 식품이다.

 함께 먹으면 좋아요

소화기능 저하에

땅콩

땅콩과 함께 볶는다
멸치와 땅콩을 함께 볶아서 먹으면, 소화기능 저하, 만성피로에 도움이 된다.

뼈 건강에

브로콜리

브로콜리와 함께 볶는다.
멸치와 브로콜리를 함께 먹으면, 신체허약, 뼈건강 관리에 도움이 된다.

주의
하세요

통풍 환자는 섭취를 삼간다
멸치에는 칼슘 외에 퓨린 성분이 많이 함유되어 있기 때문에, 통풍 환자는 섭취 시 주의해야 한다.

한방식재료
허브향신료
양식류
채소류·버섯류
과실류
수산류
육류·유지류
조미료·음료

어지럼증과 생리불순을 개선한다

문어

부족한 기와 혈액을 보충하며, 체질이 허약한 사람의 어지러움, 두통, 생리불순에 효과적이다.

피로 회복에도 추천된다.

또한, 유효성분인 타우린이 풍부하여 혈중 콜레스테롤 수치 감소, 동맥경화 예방, 혈압 안정화, 간 기능향상 등의 효과가 있다.

피부와 머리카락에 탄력과 윤기를 주는 비타민 B2 및 미각 장애 예방에 효과적인 아연도 함유되어 있다.

 약선 데이터

체질	기허, 혈허
오성	평	오미	감
귀경	간, 신장

 응용 포인트

혈액생성 촉진, 상처회복 작용이 있다.

빈혈, 월경부조, 산후 유즙 부족에 도움이 된다.

하루 사용량은 150g이 적당하다.

• 고르는 법

제철 : 여름

표면이 미끈미끈하지 않고 빨판의 힘이 강한 것일수록 신선하다.

삶은 문어는 소분해서 밀폐용기에 담아 보관.

• 보관법

냉장고에 보관한다.

생 문어는 가능한 빨리 먹는다.

삶은 문어는 소비기한 내에 먹는다.

 함께 먹으면 좋아요

빈혈 예방에

철분이 풍부한 미역으로, 혈액 보충에 도움이 되는 샐러드를 만든다.

일본식드레싱이나 프렌치드레싱 모두 맛있다.

빈혈 예방에 좋은 조합이다.

톳

피부 미용에

문어와 파프리카로 마리네(프랑스식 절임요리)를 만든다.

문어는 피부의 신진 대사를 촉진하는 효과가 있으며, 파프리카는 피부 미용 효과가 있는 비타민 C와 베타카로틴이 풍부하다.

파프리카

 주의 하세요

알레르기 체질인 사람은 적당량을 섭취한다

문어에는 신경계를 마비시키는 독성단백질이 있어, 문어를 먹고 두드러기나 알레르기 증상을 보이는 경우가 있다.

위의 기능을 조절한다

미꾸라지

미꾸라지는 생후 2~3년 된 것을 주로 식용하며, 10~11월에 가장 많이 잡힌다.

우수한 단백질 공급원이며, 특히 칼슘은 우유에 비해 약 7배 가까이나 많이 함유하고 있다. 비타민 D 역시 풍부하게 들어있어서, 뼈건강을 비롯해 골다공증 예방에도 좋다.

미꾸라지는 정력증강의 강장식품으로도 유명하며, 뱀장어보다도 단백질, 칼슘, 인, 철분, 비타민의 성분을 더 많이 함유하고 있다.

칼슘의 체내 흡수를 촉진시킨다.

약선 데이터

체질	기허, 수독
오성	평	오미	감
귀경	비장, 간, 신장

응용 포인트

비장과 신장기능 촉진작용, 이뇨작용이 있다. 만성설사, 배뇨장애, 남성기능 장애에 도움이 된다.

하루 사용량은 250g이 적당하다.

• 고르는 법
  제철 : 7~11월
  봄 산란기를 앞두고 먹이를 많이 먹고 살이 쪄 기름기가 올라 통통한 것이 좋다.

• 보관법
  미꾸라지를 비닐봉지나 빈 그릇에 넣고 적당량의 소금을 뿌린 다음 뚜껑을 덮어 해감을 토하게 한 후 보관한다.

함께 먹으면 좋아요

소화 장애에

고사리
부추

부추, 대파, 고사리, 무청, 양파 등을 넣어 추어탕을 끓여 먹는다. 미꾸라지 형태가 보이지 않을 정도로 푹 끓인 후, 뼈째 믹서기에 쉽게 간다. 소화 장애에 도움이 된다.

배뇨 장애에

생강
깻잎

깻잎, 생강즙, 튀김옷, 소금, 후추, 식용유 등으로 추어깻잎튀김을 만들어 먹는다.
배뇨 장애에 도움이 된다.

주의 하세요 신선할 때 요리한다
미꾸라지의 미끈미끈한 물질은 세균 번식이 활발하기 때문에, 빨리 요리해서 먹는 것이 좋다.

영양을 보충하여, 기력을 높인다

방어

 약선 데이터

체질	기허, 혈허
오성	평	오미	감
귀경	비장, 위

기혈과 음을 보충하여 빈혈이나 허약체질을 개선한다.
어린이, 고령자, 임산부에게도 추천할만한 생선이다.
신진대사를 촉진하는 것 외에 해독 작용도 있으며, 부종
해소에도 효과적이다.
영양학적으로 지방이 풍부하며, 겨울에 잡히는 방어는 특
히 지방이 많아 맛이 좋다.
EPA와 DHA도 풍부하며, 비타민 B1, B2의 작용으로 3대
영양소의 대사를 촉진한다.
체력과 기력을 향상시킨다.

응용 포인트

비위기능 촉진작용, 소화 촉진 작용이 있다.
소화불량, 팽만감에 도움이 된다.
하루 사용량은 200g이 적당하다.

• 고르는 법
　제철 : 겨울
　몸통이 투명감이 있고 생선의 살색이 선명한 것
　을 선택한다.
　표면에 피가 새어 나오지 않은 것을 고른다.

• 보관법
　냉장고에 보관하고, 소비기한 내에 사용한다.
　간장, 설탕, 된장 등에 절여두면 조금 더 오래 보
　관할 수 있다.

 함께 먹으면 좋아요

허약 체질에

무　　　진피

이 조합은 기와 혈이 저하되었을 때 도움이 된다.
방어에 지질이 많아서 소화를 돕는 무외 진피를 함께 넣어
끓인다. 생강, 대파를 잘게 썰어 넣어도 좋다.

생활습관병 예방에

감귤류　　　양상추

방어에 부족한 것이 칼슘과 비타민 C이다.
비타민 C가 풍부한 양상추, 감귤류와 함께 샐러드를 만들
어 먹으면 생활습관병 예방에 도움이 된다.

주의
하세요

회보다는 찜이나 구이로 섭취한다
지방이 많기 때문에, 몸이 찬 사람이나 위장이 약한 사람은 익혀서 먹는 것이 소화 흡수
가 잘 된다.

위를 건강하게 하고, 소화를 돕는다

붕어

응용 포인트

비장 기능 촉진작용, 이뇨작용이 있다.
소화기능 저하, 구토, 유즙부족에 도움이 된다.
고단백 식품이기 때문에 보양식으로도 좋다.
열성 전염병에는 피한다.

• 고르는 법
  제철 : 4~7월
  등은 푸른 갈색이고 배쪽은 누르스름한 은백색
  인 것을 고른다.

• 보 관 법
  배를 갈라 내장을 제거하고 적당한 크기로 손
  질하여 먹을 분량만큼 비닐팩에 넣어 냉동실
  에 보관한다.

붕어는 칼슘과 철분 함량이 많아 발육기 어린이나 빈혈 증
상이 있는 여성에게 특히 좋다.
소화력이 약한 사람, 손발이 차고 아랫배가 냉하면서 설사
를 잘 하는 사람에게 효과가 있다.
또 이뇨작용이 있어 복수, 만성신장염, 임신부종, 산후 부
종 등의 부종 증상에도 우수한 효과를 발휘한다.

함께 먹으면 좋아요

마른기침, 붓기 해소에

두부를 넣어 탕을 끓인다.
붕어와 두부를 함께 섭취하면 마른기침, 소화 촉진, 붓기 제거에
도움이 된다.
두부

만성피로, 식욕부진에

표고버섯과 함께 찜으로 만든다.
붕어와 표고버섯을 함께 먹으면 만성 피로, 식욕부진, 빈혈에 도
움이 된다.
표고버섯

주의
하세요

따뜻한 성질의 재료와는 함께 먹지 않는다
붕어와 양고기, 개고기, 사슴고기 등을 함께 먹으면 몸에 열이 생기는 수가 있으므로 주
의한다.

붓기와 냉증을 개선한다

연어

약선 데이터

체질	기허, 수독
오성	온
오미	감
귀경	비장, 위

응용 포인트

병후식에 좋은 식재료이다.
허약 체질 개선작용, 소화촉진 작용, 이뇨 작용이 있다. 허약성 체중감소, 소화불량, 붓기에 도움이 된다.
하루 사용량은 200g 이 적당하다.

- **고르는 법**
  제철 : 가을
  비늘은 은빛으로 빛나며, 껍질이 탄력 있고 고기가 단단한 것이 신선한 것이다. 생선 토막은 특유의 붉은 핑크색이 나는 것이 좋다.

- **보관법**
  신선도를 유지하기 위해 냉장고에 보관하고, 소비기한 내에 조리한다. 냉동보관도 가능하다.

따뜻한 성질이며, 위를 따뜻하게 하여 위장의 기능을 촉진한다.
수분대사를 돕고 부종을 개선하며, 혈액 순환을 촉진하여 냉증을 개선하는 효과도 있다.
칼슘 흡수를 촉진하는 비타민 D가 풍부하여, 뼈를 강화하는 데도 도움이 된다.
또한, 연어 알은 항산화작용이 풍부한 아스타잔틴을 함유하고 있어, 자외선에 의한 피부의 손상을 억제한다.

함께 먹으면 좋아요

혈전 예방에

양파

체질적으로 위장이 약하거나 여름철 더위나 피로로 위장의 기능이 쇠약해진 사람은 닭육수에 쌀과 대추를 넣고 끓여서 죽으로 만들어 먹으면 좋다. 대추도 쌀도 비장의 기운을 보충하는 작용이 있다.

노화 방지에

브로콜리　　　우유

크림소스를 추가해 크림스튜를 만든다. 연어와 브로콜리는 항산화작용이 있어 노화방지에 효과적이다. 또한 연어에 함유된 비타민 D가 우유에 함유된 칼슘의 흡수를 증가시켜 뼈를 강화.

주의 하세요

영양이 많은 껍질도 함께 먹는다
연어 껍질에는 단백질, 오메가-3, 콜라겐이 풍부하게 함유되어 있다. 그러나 칼로리와 나트륨이 높기 때문에 적당량을 섭취한다.

타우린을 풍부하게 함유하고 있다

오징어

혈액을 보양하고 간 기능을 돕기 때문에, 빈혈이나 월경과
다 등을 개선할 수 있다.
또한, 동맥경화 예방에도 효과적이다.
지질대사를 촉진하고 혈중콜레스테롤 증가를 방지하는
타우린 함량이 높은 것도 특징이다. 갑오징어의 뼈는 오
적골(烏賊骨)이라 하며 한방에서 약재로 사용한다.
수렴작용이 있어 분비물 이상이나 조루 개선뿐 아니라 위
장병 치료약으로도 사용된다.

응용 포인트

혈액생성 촉진, 보습 작용이 있다.
빈혈, 조기폐경, 하혈에 도움이 된다.
피로 회복 물질인 타우린이 많아 간 기능을
개선하므로 피로 회복 및 숙취 해소에 효과
적이다.

• 고르는 법
　제철 : 여름~겨울
　살이 투명하고 탄력이 있는 것일수록 신선도가
　좋다.
　눈이 맑고 약간 돌출된 것을 선택한다.

• 보관법
　내장을 제거한 후에 부위별로 랩으로 싸서 밀폐
　용 봉지에 넣어 냉장고에 보관한다.
　냉동 보관도 가능하다.

함께 먹으면 좋아요

혈전 예방에

사프란

부야베스를 만든다. 오징어와 사프란에는 혈액순환을 원활하게 하는
효과가 있어서, 함께 사용하면 더 효과적이다.
부야베스에는 이외에도 원하는 다른 해산물을 넣을 수 있다.

피로 회복에

아스파라가스

볶음요리를 만든다. 오징어가 부족한 피를 보충하고, 아스파라가스
는 신진대사를 촉진하여 피로물질을 배출하므로 원기를 회복시킨다.

주의
하세요

타우린은 열에 약하다
오징어의 타우린은 열에 약하므로, 타우린의 효능을 살리고 싶을 때는 생으로 섭취하거
나 빠르게 익히는 정도로 조리한다.

식욕부진, 냉증을 개선한다

잉어

잉어는 소변을 잘 나오게 하고 종창, 황달, 각기, 천식, 습열을 제거하는 효능이 있다.

갑자기 전신이 붓고 소변양이 적어졌을 때, 잉어를 달여 먹으면 증상이 호전된다.

임산부의 대사부전이나 혈액부족 등으로 야기되는 부종을 다스리며, 태동이 있을 때 태아를 안정시킨다.

 약선 데이터

체질	기허, 수독		
오성	평	오미	감
귀경	비장, 신장, 위		

 응용 포인트

비장과 위장의 기능을 촉진하는 작용, 이뇨 작용이 있다.

위통, 부종, 배뇨 장애, 유즙 부족에 도움이 된다.

하루 사용량은 250g이 적당하다.

• 고르는 법
제철 : 겨울~봄
소비기한이 충분히 남은 것을 선택한다.
눈이 선명한 것이 신선도가 좋다.

• 보관법
냉장고에 보관한다(적정온도는 10도 이하).
산화되거나 다른 식품의 냄새가 배이지 않도록 밀폐용기에 넣어 보관한다.

 함께 먹으면 좋아요

부종 해소에

팥

비늘과 내장을 제거한 잉어와 팥을 고운다.
먼저 팥을 끓인 후, 잉어를 넣고 푹 익을 때까지 고아서 조미하여 먹는다. 부종 해소에 도움이 된다.

피로 회복에

황기

당귀

대추

잉어, 황기, 당귀, 당삼, 대추, 생강 등을 넣고 곤 후, 잉어가 푹 익으면 적절히 조미하여 먹는다.
피로 회복에 도움이 된다

주의
하세요

잉어의 등 힘줄과 흑혈은 제거하고 먹는다

잉어는 등 위에 두 힘줄과 흑혈이 있는데, 이것은 설사를 유발하기 때문에 제거하고 먹어야 한다.

심신의 피로를 치유한다

장어

스테미너 즉 원기나 정력에 도움이 되는 보양식이다.
간과 신장의 기능을 강화하여 기와 혈액을 보충하므로 피
로회복, 노화방지, 정신적인 피로, 어지럼증, 손발저림 등
에 효과적이다.
습도가 높은 시기의 몸의 피로, 관절통증, 손과 발의 부종
도 개선하는 효과가 있다.
또한, 감기 예방과 시력 개선에 효과가 있는 비타민 A, 동
맥경화 예방에 도움이 되는 DHA, EPA도 풍부하다.

약선 데이터
체질	음허, 기허, 기체
오성	평	오미	감
귀경	비장, 신장, 폐

응용 포인트

비장기능 강화작용, 폐기능 강화작용, 신장기
능 강화작용이 있다.
허약 체질 개선, 소화불량, 폐기능 저하로 인
한 기침, 남성기능 장애, 붓기 해소에 도움이
된다.

• 고르는 법
제철 : 가을
통통하고 등이 푸른색을 띠는 것을 선택한다.
장어 꼬치구이는 탱글탱글한 고기가 맛이 있다.

• 보관법
생물은 냉장고에서 보관하고, 1~2일 안에 섭취
한다.
꼬치구이는 냉장고에 보관하며, 냉동 보관도 가
능하다.

함께 먹으면 좋아요

자양강장에

쌀

장어덮밥을 만든다.
장어와 쌀은 모두 에너지를 보충하는 대표적인 식재료이다.
함께 섭취하면 잃었던 기운을 되찾을 수 있는 대표적인 보양식이다.

노화 방지에

달걀

장어와 계란으로 장어계란말이를 만든다.
장어가 폐와 신장의 기능을 강화하고 달걀은 혈액순환을 촉진하여, 다
리와 허리를 강화시킨다.

주의
하세요

초피가루를 뿌려서 섭취한다.
장어를 먹을 때는 장어 지방의 산화를 억제하고, 소화를 촉진하는 효과가 있는 초피가
루를 뿌려서 먹으면 좋다.

한방식재료
허브향신료
육식류
채소류·버섯류
과실류
수산류
곡류·유지류
조미료·음료

뇌의 작용을 강화하여, 노화를 예방한다

전갱이

약선 데이터

체질	기허, 혈허
오성	온 오미 감
귀경	위, 신장, 간, 심장

응용 포인트

혈압강하 작용, 고지혈 강하 작용, 뇌기능 활성화 작용이 있다.
고혈압 조절, 고지혈증 조절, 기억력 개선에 도움이 된다.
불포화지방산의 EPA 성분을 다량 함유한다.

위의 냉증을 없애고 기능을 향상시켜, 피로 회복 및 식욕 부진에 도움이 된다.
또한, 뇌 기능을 활성화시키는 DHA가 풍부하다.
백내장 예방 효과도 기대할 수 있다. 혈액순환을 원활하게 하여 혈관을 튼튼하게 하는 EPA가 풍부하며, 고혈압 및 동맥경화와 같은 생활습관병 예방에도 효과적이다.
칼슘을 많이 함유하고 있어, 골다공증 예방 및 정신안정에도 도움이 된다.

•고르는 법
제철 : 여름
몸통이 탄력 있는 물고기를 선택한다. 등은 푸른 빛이 도는 은색이며, 배는 금색을 띠는 것이 좋다. 눈이 맑고 밖으로 약간 튀어나온 것이 좋다.

•보관법
청어류는 상하기 쉬우므로, 가능하면 구매한 후 빨리 사용하는 것이 좋다.
냉동도 가능하다.

함께 먹으면 좋아요

여름피로 해소에

매실

전갱이와 말린 매실에 간장을 넣고 끓인다. 전갱이는 위의 기능을 향상시키고, 매실은 소화흡수를 촉진하여 식욕을 증가시킨다.
맛이 느끼하지 않고 산뜻하며, 여름더위에 지친 몸을 회복시킨다.

식욕 증진에

양하

전갱이 다진 고기에 양하를 넣어 무친다.
둘 다 식욕증진 효과가 있으며, 양하의 향이 효과를 더욱 높여준다.
또는 양하 초절임을 얹어 전갱이소금절임을 만든다.

주의
하세요

식중독 예방에 생강을 넣는다
해독작용이 있는 생강, 파, 깻잎 등의 향신 재료와 함께 섭취하면 식중독 예방에 도움이 된다.

정어리

뼈를 튼튼하게 하는 칼슘이 풍부하다

칼슘이 풍부하며, 칼슘의 흡수를 촉진하는 비타민 D의 양도 많아서 골다공증 예방에 적합하다.
어묵이나 조림과 같이 뼈를 함께 섭취하는 요리를 만들면 효과가 더욱 높아진다.
또한, 피부와 점막을 보호하는 비타민 B2도 풍부하여, 구내염이나 초기 감기에도 효과적이다.
뇌를 활성화시키는 DHA와 혈액순환을 원활하게 하는 EPA도 풍부하다.

약선 데이터

체질	기허, 혈허, 어혈
오성	온	오미	감
귀경	비장

응용 포인트

중성지질과 LDL콜레스테롤을 감소시키고 혈소판의 응집을 막음으로써, 혈전을 예방해 주는 오메가-3를 풍부하게 함유하고 있다.
동맥경화, 심근경색, 고혈압 등의 예방 효과를 기대할 수 있다.

• 고르는 법
  제철 : 여름~가을
  눈이 맑고 측면의 검은 점이 뚜렷이 보이는 것일수록 신선하다. 자른 것은 절단 부위가 탄력이 있는 것을 선택한다.

• 보관법
  정어리는 다른 청어류에 비해 상처가 더 빨리 생길 수 있으므로, 냉장고에 보관하고 구입한 날에 사용하는 것이 좋다. 냉동보관도 가능하다.

함께 먹으면 좋아요

혈전 예방에

파

정어리회에 파를 듬뿍 얹어 먹는다.
정어리와 파는 모두 혈액순환을 원활하게 하는 작용이 있어, 혈전을 예방하는 효과가 있다.

피로 회복에

토마토

정어리토마토조림을 만든다.
토마토의 구연산이 정어리에 함유된 피로 회복효과가 있는 비타민 B2의 대사를 좋게 하여, 피로회복에 도움이 된다.

주의
하세요

신선한 것을 빨리 사용한다
정어리는 쉽게 상하기 때문에 신선할 때 빨리 먹는 것이 좋다.
신선도가 떨어진 것은 알레르기를 일으킬 수도 있다.

대사나 소화기능 저하에

조기

조기는 소금에 절여 말린 것을 굴비라 하며, 담백한 맛이
며, 많이 구워서 먹는다.

약선에서는 성장발육 및 생식에 관여하는 신장의 기능을
증진시키는 식재료로 간주되며, 노화방지 효과도 기대할
수 있다.

또한, 신장의 기능 저하 등으로 인해 발생하는 허리나 무
릎의 통증, 빈뇨에도 효능이 있다.

비장 기능의 약화로 인한 식욕 부진이나 소화불량, 부종
등에도 좋다.

약선 데이터

체질	기허
오성	평 오미 감, 함
귀경	신장, 비장, 위

응용 포인트

병후식, 이유식에 좋은 식재료이다.
비장기능 강화작용, 신장기능 강화작용, 시력
개선 작용이 있다. 산후 신체 허약, 유즙부족,
붓기, 노안에 도움이 된다.
하루 사용량은 250g이 적당하다.

• 고르는 법
제철 : 연중
눈이 맑고 검은자와 흰자가 선명한 것을 고른다.
아가미 색깔이 선홍색이고 배부위가 노랗고 황
금색을 띠는 것이 좋다.

• 보관법
상하기 쉬우므로, 전처리한 것을 냉장고에 보관
하고 소비기한 내에 섭취한다.

함께 먹으면 좋아요

자양강장에

건새우

표고버섯

큼직하게 도막을 친 조기를 탕으로 요리한다.
체력을 향상시키고 기력을 증진시키는 효과가 있다.
골다공증 예방에도 도움이 된다.

위장이 약한 사람에

생강

파

술로 찌고, 흑초와 간장으로 버무린다.
생강과 파는 기의 순환을 원활하게 하고, 조기는 대사기능이
나 위장의 소화 기능을 개선한다.

**주의
하세요**

알레르기 체질인 사람은 주의한다
드물게 알레르기 반응이 나타날 수 있다.
또한, 메밀국수와 함께 먹으면 소화불량을 일으킬 수 있다.

자양강장, 노화 방지에

가리비

비장과 위의 기능을 돕고 각 장기의 기능을 향상시킨다. 자양강장, 노화 방지, 어지럼증 및 열오름 증상, 시력 회복 등에 효과적이다. 갈증을 해소에도 좋다.
간 기능을 강화하고 짜증과 스트레스를 해소한다.
타우린을 많이 함유하며, 나쁜 콜레스테롤을 줄이고 좋은 콜레스테롤을 늘리는 효과가 있어서 동맥경화가 걱정될 때 추천된다.

 약선 데이터

체질	음허, 기허, 기체		
오성	한	오미	감, 함
귀경	간, 비장, 위, 신장		

 응용 포인트

위의 기능을 향상시켜 소화력을 높이기 때문에, 식욕부진이나 소화불량에 섭취하면 좋은 효과를 볼 수 있다.
자양강장, 노화 예방에도 좋다.

· 고르는 법
　제철 : 겨울~여름
　입이 조금 열린 상태로 있다가, 만지면 반응하여 닫히는 것이 신선하다.
　껍질을 깐 것은 탱탱하고 윤기 있으며, 투명감이 있는 것을 선택한다.

· 보관법
　껍질을 깐 것은 술을 뿌린 후 밀폐용기에 넣어 냉장고에 보관한다.

 함께 먹으면 좋아요

빈혈 예방에

청경채　　목이버섯

말린 관자를 이용해 수프를 만든다.
블린 물도 수프로 사용한다. 가리비이 철분이 혈액을 보충하고, 청경채와 목이버섯이 혈액 순환을 개선한다.

스트레스 완화에

양파

생선회용 가리비와 잘게 썬 양파에 올리브 오일, 소금, 후추를 넣고 볶는다. 가리비와 양파 모두 기를 순환시키는 효능이 있어, 스트레스로 인해 약해진 몸과 마음을 활기차게 만든다.

주의
하세요

독성이 있는 내장은 섭취하지 않는다
내장 특히 창자는 독소가 있으므로, 관자와 조갯살 이외의 부분은 섭취하지 않는 것이 안전하다.

한방식재료

허브·향신료

육식류

채소류·버섯류

과일류

수산류

두류·유제품

조미료·향료

스트레스에 강한 심신을 만든다

굴

몸에 수분을 공급하고 혈액을 보충하며, 정신을 안정시키는 효과가 있다.
짜증이나 불안감, 우울증을 해소하는데 탁월한 효과가 있으며, 스트레스를 극복하는 데도 도움을 준다.
굴은 '바다의 우유'라고 불릴 정도로 영양가가 높으며, 아연, 마그네슘, 구리 등의 미네랄도 풍부하여 만성 피로나 불면 등을 완화한다.
철분 함량도 높아 빈혈 해소에도 도움이 된다.

약선 데이터

체질	허
오성	평, 미한(껍질)	**오미**	감, 함
귀경	간, 심장

응용 포인트

병후식에 좋은 식재료이다.
혈액생성 촉진작용, 붓기 제거 작용이 있다.
불안 불면증 해소, 스트레스나 답답증 해소에 도움이 된다.
만성피로에도 효과가 있다.

• 고르는 법
　제철 : 가을~겨울
　입이 단단히 닫혀 있는 것을 선택한다.
　조갯살이 많고 탱글탱글하며 광택이 있는 것, 주변의 주름이 검고 선명한 것이 신선하다.

• 보관법
　냉장고에서 보관하되, 상하기 쉬우므로 구입한 날 먹는 것이 기본이다.

함께 먹으면 좋아요

빈혈 예방에

밀가루를 묻힌 굴과 쑥갓을 참기름으로 튀긴다. 굴은 철분이 풍부하여 혈액을 만드는 작용이 있고, 쑥갓은 혈액을 깨끗하게 하는 작용이 있다. 특히 피가 부족한 사람에게 적합하다.

쑥갓

스트레스 완화에

불린 건표고버섯(불린 물도 사용)과 굴을 우유로 끓인다. 우유와 굴 모두 칼슘이 풍부하다. 건표고버섯의 비타민 D가 칼슘 흡수를 촉진하여, 불안한 마음을 진정시키는 효과가 크다.

우유　　표고버섯

주의 하세요

고혈압, 심계항진, 불면증인 사람은 껍질도 활용한다
굴껍질에는 진정, 안정, 혈압 강하작용이 있다.
껍질을 살짝 구워서 잘게 부수어 굴살과 함께 탕으로 끓여서 먹는다.

독소를 배출하여, 부종을 완화시킨다

대합

약선 데이터

체질	음허, 수독
오성	한	오미	감, 함
귀경	위, 간

응용 포인트

보습 작용, 해열 작용, 이뇨 작용이 있다.
붓기 제거, 배뇨 이상에 도움을 준다.
과식에 주의한다.
동맥경화, 고혈압, 뇌졸중, 고지혈증과 같은
각종 성인병 예방에 좋다.

• 고르는 법
　제철 : 가을~봄
　입이 확실히 닫히고 껍질에 광택이 있는 것을 선
　택한다.
　적당한 크기이며, 무게감이 있는 것을 고른다.

• 보관법
　껍질이 있는 상태라면 소금물에 담가두고, 껍질
　을 벗긴 상태라면 물기를 제거한 후 술을 뿌려 냉
　장고에 보관한다. 구입한 날 섭취하는 것이 좋다.

몸속에 쌓인 독소를 배출하여 부종, 열오름 증상 등을 완
화시킨다. 몸의 열을 식히고 수분을 공급하여 갈증을 완화
하며, 기침 등의 증상을 개선한다.
또한, 빈혈 예방에 효과적인 철분과 적혈구 생성에 도움을
주는 비타민과 엽산이 풍부하다. 간 기능을 향상시키므로
숙취 및 당뇨병 예방에도 효과적이다.
대합의 껍질은 한방에서 한약재로 사용된다.

함께 먹으면 좋아요

빈혈 예방에

파　　미나리

대합미나리무침을 만든다. 참나물, 파, 오이, 양파, 마늘 등의
양념을 넣는다. 대합의 조혈 효과와 파의 혈액순환을 원활하게
하는 효과를 함께 볼 수 있다.

노화 방지에

유채

대합과 유채를 사용하여 수프파스타를 만든다.
대합에 함유된 아연과 유채에 함유된 베타카로틴이 면역력을 강화하
여, 노화방지 효과를 발휘한다.

**주의
하세요**

충분히 끓여서 소화가 잘 되게 한다
소화가 잘 되지 않으므로, 위장이 약한 사람은 충분히 끓여서 섭취한다.

맛있는 식재료

허브·향신료

약식류

채소류·버섯류

과실류

수산류

육류·유제품

조미료·면류

가래, 기침, 열오름을 진정시킨다

바지락

몸속의 과도한 열을 제거하고, 끈적거리는 가래를 동반하는 기침이나 열오름을 진정시킨다. 피로회복과 위산을 중화시켜 위의 통증과 가슴통증을 완화시키는 효과도 있다. 혈액을 보충하고 정신을 안정시키기 때문에 짜증을 해소하는 효과도 있다.
껍질에는 나트륨과 칼륨 등의 미네랄이 풍부하므로 껍질을 함께 조리하는 것이 좋다. 껍질 가루는 합리분(蛤蜊粉)이라 하며 한약재로 사용된다.

 약선 데이터

체질	양열, 음허
오성	한	오미	강, 함
귀경	간, 신장, 비장, 위

 응용 포인트

바지락에는 아미노산의 일종인 타우린이 많이 함유되어 있다.
타우린은 혈액 속 콜레스테롤을 배출하고 혈액순환을 좋게 하여, 동맥경화 예방에 도움이 된다.

• 고르는 법
  제철 : 봄, 가을
  입이 단단하게 닫혀 있으며, 껍질에 점액이 있고 무늬가 뚜렷한 것을 고른다. 껍질을 벗긴 것은, 살이 단단하고 생기가 있는 것을 선택한다.

• 보관법
  해수 농도와 같은 정도의 소금물에 담가 냉장고에 보관한다.
  해감 후, 껍질째 냉동 보관하는 것도 가능하다.

 함께 먹으면 좋아요

피로 회복에

된장

바지락 된장국을 만든다.
조개에 함유된 타우린이 간 기능을 향상시키고 된장의 비타민 B군이 피로를 해소하므로, 빠른 피로회복 효과를 기대할 수 있다.

기분이 가라앉았을 때

소송채   표고버섯

소송채와 표고버섯을 넣어 볶음요리를 만든다. 바지락과 소송채는 모두 칼슘이 풍부하여, 정신을 안정시키는 효능이 있다. 표고버섯을 추가하면 칼슘 흡수를 촉진한다.

주의 하세요

여름에는 충분히 익힌다
더운 계절에는 식중독이 발생하기 쉽다.
특히 해산물은 신선한 재료를 사용하며, 충분히 익혀서 먹는다.

영양 성분이 풍부하여, 허약체질을 개선

홍합

자양강장 효능이 우수하며, 예로부터 약선에서 소중한 식재료로 여겼다. 생명의 근원이라 불리는 신장의 정력을 보충하여 체력을 강화한다.

병후 혹은 산후에 허약해진 신체, 빈혈, 불임증, 노화로 인한 어지럼증, 야뇨증, 골다공증 등을 개선한다.

또한, 지혈작용도 있어 이상출혈이나 혈변에도 효과가 있다. 미네랄, 비타민, 엽산, 불포화지방산이 풍부하여, 고혈압과 동맥경화 예방에도 도움이 된다.

 약선 데이터

체질	혈허, 수독
오성	온	오미	함
귀경	간, 신장

 응용 포인트

간과 신장을 보한다.
정과 혈을 보충하는 작용이 있다.
과로 쇠약, 어지럼증, 수면 중 헛땀 등 허약 체질로 인한 증상 개선에 도움이 된다.

- 고르는 법
  제철 : 여름~가을
  껍질이 완전히 닫혀 있거나, 열려 있을 때 만지면 바로 닫히는 것을 고른다.
  조금 작은 것이 조리가 용이하고 맛도 좋다.

- 보관 법
  용기에 껍질이 잠길 정도로 물을 넣고 뚜껑을 덮지 않고 냉장고에 보관한다. 증기로 찐 것은 껍질을 벗겨서 끓인 국물과 함께 냉동 보관 가능하다.

 함께 먹으면 좋아요

노화 방지에

가리비   새우   양파

화이트와인으로 찌고 달걀과 생크림을 넣어 오븐에서 굽는다. 모두 신장의 기능을 강화하며, 음양의 균형이 잘 맞아 노화 방지에 효과적이나.

자양강장에

마늘

버터와 화이트와인을 넣고 볶는다.
몸을 따뜻하게 하는 마늘의 효과에 의해, 홍합의 신장을 강화하는 기능이 더욱 향상된다.

주의 하세요

열이 많은 사람에게는 적합하지 않다
몸을 따뜻하게 하는 성질이 강하기 때문에, 몸에 열이 많거나 땀을 많이 흘리는 체질은 적당량으로 섭취해야 한다.

한방식재료
해조·향신료
양식류
채소류·버섯류
과실류
수산류
두류·유제품
조미료·음료

열을 제거하고, 피를 깨끗하게 한다

 약선 데이터

체질 음허, 양열, 어혈

오성 한 오미 함

귀경 간, 신장

 응용 포인트

해열 작용, 어혈 제거 작용이 있으며, 붓기를 제거 작용도 있다.

산후복통, 뼈와 인대 손상에 도움이 된다.

껍질에 포함된 키틴은 콜레스테롤과 중금속을 흡착해 배설하는 기능이 있다.

몸속에 쌓인 열을 없애고 혈액 순환을 개선하여, 피를 깨끗하게 청소한다. 성분에 포함된 타우린은 콜레스테롤 억제, 혈압 강하, 울혈성심부전 예방 등의 효과가 있다.

또한, 껍질에 포함된 키틴은 장의 기능을 조절하고 면역력을 향상시키는 효과가 있으며, 암 예방에도 좋다고 알려져 있다.

끓이거나 쪄서 껍질의 성분도 함께 섭취할 수 있는 요리를 만들면 좋다.

- **고르는 법**
  제철 : 겨울
  관절 뒷면의 막이 투명하고 불쾌한 냄새가 나지 않는 것을 선택한다.
  들었을 때 묵직한 것을 고른다.

- **보관법**
  냉장고에 보관하고, 구매한 날에 모두 섭취한다.
  상하기 쉬우므로 보관할 때는 삶아서 냉동 보관하는 것이 좋다.

 함께 먹으면 좋아요

간 기능 개선에

브로콜리

삶은 브로콜리에 게 내장 소스를 뿌려 먹는다.
게의 타우린과 브로콜리의 베타카로틴이 간 기능을 향상시키며, 상호작용으로 효과가 증가한다.

변비 해소에

배추

배추와 삶은 게로 샐러드를 만든다.
게의 장의 열을 내리는 작용과 배추의 장의 기능을 조절하는 작용이 상호작용하여 배변을 원활하게 한다.

 주의 하세요

감, 배와 함께 섭취하지 않는다

감, 배 등 체온을 낮추는 과일과 함께 섭취하면, 체온이 너무 낮아져 설사를 유발할 수 있다.

생활습관병 예방에 효과적이다

김

풍부한 베타카로틴의 항산화작용으로, 동맥경화와 생활
습관병 예방에 도움이 된다.

종양 등의 개선에도 효과적이며, 기침과 가래도 진정시
킨다.

또한, 김에 함유된 다당류는 고지혈증과 동맥경화를 예방
하고, 심장근의 수축력을 향상시키는 효과가 있다.

신경세포 사이의 정보를 전달하는 데 필수적인 물질인 콜
린도 함유되어 있어, 기억력을 향상시킨다고 알려져 있다.

약선 데이터

체질	기체, 수독		
오성	한	오미	함
귀경	폐, 비장		

응용 포인트

조직 연화작용, 가래 제거작용, 붓기 제거작
용이 있다. 갑상선 부종, 임파선 부종, 식체에
도움이 된다.

칼슘, 칼륨, 비타민 등이 풍부해 성인병을 예
방하는 데도 효과적이다.

- **고르는 법**
  제철 : 겨울
  광택이 있고, 약간 푸른빛의 흑자색을 띄는 것을
  고른다. 형태가 깔끔한 사각형이며, 두께가 균일
  하고 구멍이 없는 것이 좋다.

- **보관법**
  개봉 후에는 밀봉이 가능한 봉지에 건조제와 함
  께 넣어 보관한다. 직사광선이 닿지 않는 저온에
  두고 가능한 빨리 섭취한다.

함께 먹으면 좋아요

부종 완화에

동과

수프를 만든다.
둘 다 이뇨 효과가 높기 때문에 몸속의 과잉 수분과 독소를 배출하
여 부종을 완화시킨다.

원기 회복에

쌀

빵 대신 김과 밥을 이용해 샌드위치를 만든다.
양파, 당근채, 푸른잎 채소, 토마토, 치즈 등을 넣고 마지막으로 취
향에 따라 마요네즈 등을 얹는다.

**주의
하세요**

감과 같이 먹지 않는다
탄닌이 많이 포함된 과일(감이나 석류, 포도 등)과 함께 먹으면 위장장애나 소화불량을
일으킬 수 있다. 또 피부 건조에는 피한다

환병식재료

오미 한식료

약식료

채소류·버섯류

과일류

수산류

곡류·유제류

조미료·음료

요오드 함유량이 많다

다시마

부종을 줄이는 작용이 있는 것으로 알려져 있다.
몸의 열을 식히고 과도한 수분을 배출하는 작용도 있어
변비, 부종뿐만 아니라 고혈압, 동맥경화, 뇌졸중 등에도
효과가 있다.
또한, 지질대사를 조절하는 효과도 있다. 식품 중에서도
가장 많은 요오드 함량을 가지고 있어 갑상선 기능저하증
개선과 암예방 효과가 기대된다. 하지만 과다 섭취로 인한
부작용도 보고되고 있으므로 적당량으로 섭취해야 한다.

 약선 데이터

체질	수독, 양열
오성	한	오미	함
귀경	비장, 위, 신장

 응용 포인트

담을 제거하는 작용, 조직 연화 작용, 이뇨 작
용이 있다.
갑상선 부종, 임파선 부종 등, 각종 부종에 도
움이 된다.
하루 사용량은 15g이 적당하다.

• 고르는 법
  제철 : 7~9월
  평평하고 폭이 넓으며, 비볐을 때 바삭바삭하는
  소리가 나는 것이 좋다.
  다시마 표면의 흰 가루는 맨니트라는 단맛을 내
  는 성분이다.

• 보관법
  벌레가 들어가지 않게 밀폐가 가능한 용기에 넣
  어, 고온다습하지 않는 곳에 보관한다.

 함께 먹으면 좋아요

고혈압 예방에

식초

식초와 간장을 넣고 끓인다. 다시마가 과다한 나트륨을 배출하고, 식
초가 혈액순환을 원활하게 혈압상승을 예방한다.
다시마의 깊은 맛으로 소금을 적게 사용해도 맛있게 먹을 수 있다.

변비 해소에

토란

다시마와 토란으로 조림요리로 만든다.
다시마와 토란은 모두 식이섬유가 풍부하여, 함께 섭취하면 변비 개
선 및 부종 해소에 도움이 된다.

주의
하세요

탄닌이 많은 과일과 함께 섭취하지 않는다
김과 마찬가지로 탄닌이 많은 과일과 함께 먹지 않도록 주의한다.
속울렁거림이나 설사를 유발할 수 있다.

한방식재료

외래향신료

양식류

채소류·버섯류

과실류

수산류

약류·유제품

조미료·음료

면역기능을 활성화시킨다

미역

 약선 데이터

체질	양열, 수독
오성	한	오미	함
귀경	간, 위, 신장

 응용 포인트

조직 연화작용, 부종 제거작용이 있다.
갑상선 부종, 임파선 부종에 도움이 된다.
자궁수축과 지혈작용, 피를 맑게 하는 효능 등
이 탁월하다.
하루 사용량은 15g이 적당하다.

몸속에 쌓인 열과 과다한 수분이나 소변의 배출을 촉진
한다. 갑상선 기능저하를 개선하는 효과가 있다고 알려져
있다. 남성의 성기능과 여성의 분비물을 정상상태로 유지
하는 효과도 있다.
미역 등 해조류의 미끈미끈한 성분인 후코이단은 항암 및
항균작용이 있으며, 알긴산은 혈중 콜레스테롤 상승을 억
제하는 작용이 있다.

• 고르는 법
제철 : 2~6월
생 미역은 짙은 초록색이고 윤기가 있으며, 살이
두껍고 탄력이 있는 것을 선택한다.
건 미역은 윤기가 있고 흑갈색인 것을 선택한다.

• 보관법
생 미역은 냉장 보관하더라도 쉽게 상할 수 있으
므로, 가능한 빨리 섭취한다. 건 미역은 건조제와
함께 밀폐 봉지에 넣고 냉암소에 보관한다.

 함께 먹으면 좋아요

고혈압 예방에

파

파와 함께 살짝 볶는다. 미역이 몸속에 쌓인 과다한 열을 제거하고 파
가 혈액순환을 원활하게 한다.
두 재료가 만나면 혈압을 안정시키는 효과가 향상된다.

과식했을 때

샐러리

미역과 샐러리로 수프를 만든다. 둘 다 식이섬유가 풍부하여 변비를
개선한다. 미역은 위벽을 보호하는 효과도 있으므로, 위가 약할 때 섭
취하면 좋다.

**주의
하세요**

오래 끓이지 않는다
다시마를 오래 끓이면 비타민류가 파괴되기 때문에, 가능하면 가열하는 시간은 짧게 하
는 것이 좋다.

혈행을 촉진하고, 기운을 더한다

새우

새우에는 성 기능, 뇌 기능, 뼈 건강과 관련된 신장의 기능을 촉진하는 효과가 있다. 성 기능 감소, 골다공증, 치매 등의 예방에 효과적이다.
몸을 따뜻하게 하는 효과도 있어, 추운 계절에 적합한 식재료이다.
몸이 찬 사람이나 체력이 허약한 사람에게도 적합하다.
새우의 빨간 색소인 아스타잔틴은 강력한 항산화 작용이 있으며, 나쁜 콜레스테롤이 혈관에 붙는 것을 방지하고 시력 저하를 예방하는 효과가 있다.

 약선 데이터

체질	양허, 음허		
오성	온	오미	감, 함
귀경	간, 신장, 비장		

 응용 포인트

신장기능 강화작용, 보음 작용이 있다.
남성기능 장애, 수전증에 도움이 된다.
산화스트레스 제거에 도움을 주므로 면역력 강화에도 좋다.
하루 사용량은 100g이 적당하다.

• 고르는 법
　제철 : 가을~겨울
　수염이 튼튼하고 다리가 부러지지 않은 것을 고른다.
　살아있는 것은 활발하게 움직이는 것이 좋다.

• 보관법
　냉장고에 보관하며, 가능하면 구매한 날 섭취하는 것이 좋다.
　삶아서 냉동 보관하는 것도 가능하다.

 함께 먹으면 좋아요

골다공증 예방에

양배추　　표고버섯

건새우를 사용하여 수프를 만든다. 껍질까지 먹을 수 있는 건새우와 양배추는 칼슘이 풍부하다.
건표고버섯의 비타민 D는 칼슘의 흡수를 촉진시킨다.

콜레스테롤이 걱정될 때

연근　　　오크라

올리브오일로 가볍게 볶는다. 연근은 새우와 같은 해산물에 포함된 타우린과 함께 섭취하면, 타우린 흡수를 촉진시키고 콜레스테롤 수치를 낮추는 효과가 있다.

 주의 하세요

비타민 C가 풍부한 음식과 함께 먹을 때는 반드시 가열한다
감귤류의 주스 등 비타민 C가 풍부한 음식과 새우를 조합하면 독성이 발생할 수 있다고 한다. 새우를 가열 조리하면, 그런 걱정은 없어진다.

위를 건강하게 하고, 소화를 돕는다

전복

행복식재료

위두 향신료

육식류

채소류·버섯류

과실류

수산류

육류·유제품

차미료·음료

 약선 데이터

체질	음허		
오성	평	오미	감, 함
귀경	폐, 간, 대장		

 응용 포인트

진액 생성 작용, 해열 작용이 있다.
과로 발열, 마른기침, 녹내장, 빈뇨, 건조성 변
비에 도움이 된다.

자연산 전복은 등껍질에 이물질이 많이 붙어 있으며, 색깔
은 검은 편이고 살은 진한 노란색이다.
전복의 내장은 몸에 좋다고 하며, '내장을 먹지 않으면 전
복을 안 먹은 것과 마찬가지'라는 말이 있다.
지질이 적고 단백질이 많으며, 루신, 글루탐산, 아르기닌,
베타인 등을 많이 함유하고 있어, 성인의 건강식으로 인
식되고 있다.

• 고르는 법
제철 : 늦봄~초여름
껍질 바깥으로 전복의 살과 발 부위가 삐져나오
고 통통하게 살이 오른 것을 고른다.

• 보관법
살아있는 전복의 경우, 소금물에 넣어 밀폐한 후
냉장보관한다.
오래 보관하고 싶다면 등껍질의 이물질을 제거한
후, 랩으로 싸서 냉동보관한다.

 함께 먹으면 좋아요

변비 해소에

쌀

몸을 윤택하게 하는 잣이 들어간 죽을 만든다.
장의 건조로 인한 변비를 해소한다.
먹기 편해서 노약자에게 추천해도 좋다.

안과 질환에

냉이

냉이와 전복으로 토장국(맑은 된장국)으로 끓인다.
냉이의 눈건조, 노안, 녹내장 등에 좋은 성분이 안과질환에 도움
이 된다

 주의
하세요

살아있는 것을 섭취한다
전복은 쉽게 상하기 때문에, 반드시 살아있는 것을 먹어야 한다.
손가락으로 누르면 오그라드는 것이 살아있는 것이다.

빈혈과 건조한 피부를 개선한다

톳

혈액을 보충하고 빈혈, 탈모, 피부 건조를 예방한다.
혈액순환을 개선하여 수분대사를 촉진하므로 종기, 통증,
저림, 부종 등의 증상을 완화시키는 효과도 있다.
철, 마그네슘 등 미네랄을 풍부하게 함유하고 있으며, 특
히 칼슘 함유량이 많아서 골다공증 예방에 좋다.
식이섬유도 풍부하여, 변비를 개선하고 몸속의 노폐물을
배출하는 작용도 있다.

약선 데이터

체질	혈허, 수독
오성	한	오미	함
귀경	간, 신장

응용 포인트

혈액생성 촉진작용, 혈행 개선작용, 이뇨 작용
이 있다. 빈혈, 탈모, 부종에 도움이 된다.
함유된 칼슘과 철분은 콜레스테롤 저하, 혈압
강하 및 혈액 응고 등의 효능이 있다.

- 고르는 법
  제철 : 연중
  말린 톳은 건조 상태가 좋고, 크기가 균일한 것을
  고른다. 생 톳은 촉촉하고 윤기가 있으며, 통통하
  고 검은 색이 짙은 것을 선택한다.

- 보관법
  말린 톳은 직사광선이 닿지 않는 냉암소에 보관
  한다. 생 톳은 냉장고에 보관하고, 소비기한 내
  에 섭취한다.

함께 먹으면 좋아요

골다공증 예방에

당근 표고버섯

건표고버섯을 물에 불려 끓여서 조리한다.
톳과 당근은 모두 칼슘이 풍부하며, 건표고버섯의 비타민
D가 칼슘의 흡수를 촉진한다.

혈전 예방에

양파

톳과 양파로 샐러드를 만든다.
톳과 양파 모두 혈액순환을 원활하게 하여, 혈전을 예방하는 효능
이 뛰어나다.

주의 하세요

약간의 식초를 첨가하여 조리한다
톳을 조리할 때 약간의 식초를 첨가하면, 톳에 포함된 칼슘이 체내에서 빠르게 그리고
쉽게 흡수된다.

피로회복, 노화방지에

해삼

해삼은 최고의 강장, 강정제 중의 하나이다.
칼슘이나 철분 등이 풍부하여, 골격 형성기의 어린이가 먹으면 발육을 촉진한다.
해삼 연골에 들어 있는 콘드로이친 성분은 체내의 혈전을 제거하고 혈액의 응고를 막아주며, 혈관을 깨끗하게 하여 동맥경화를 예방하는 데도 도움이 된다.
말린 해삼은 불려서 사용하면 매우 부드럽기 때문에 치아가 부실한 노인들에게 육류 대신 사용할 수 있는 영양식으로 추천할 만하다.

 약선 데이터

체질	기허, 혈허, 음허	
오성	평	오미 함
귀경	폐, 신장	

 응용 포인트

병후식에 좋은 식재료이다.
신장 기능 촉진작용, 혈액생성 촉진작용, 지혈 작용이 있다.
빈혈, 피로, 건조성 변비, 장염에 도움이 된다.
하루 사용량은 100g이 적당하다.

• 고르는 법
제철 : 10~11월
살아있는 해삼은 돌기가 뾰족하고 살이 단단한 느낌이 드는 것, 썰어 놓았을 때 살이 딱딱하고 씹어도 그 정도가 유지되는 것이 좋다. 말린 해삼은 단단하고 표면에 흰 소금가루가 적은 것이 좋다.

• 보관법
내장을 제거하고 손질한 후, 랩이나 지퍼백에 밀봉 포장하여 냉동보관한다.

 함께 먹으면 좋아요

산후, 병후 허약해진 몸 보양에

 돼지고기

해삼과 돼지 살코기를 같이 끓인 후 적절히 조미하여 먹는다.
해삼의 자양강장 작용으로 병후 혹은 산후의 쇠약해진 몸 보양에 도움이 된다.

강장, 강정 효과가 우수

 쌀

말린 해삼을 물에 충분히 불린 후, 멥쌀을 넣고 죽을 만들어 먹는다.
해삼에는 강장, 강정효과가 우수하다.

 주의 하세요

과다 섭취에 주의한다
위나 장이 약한 사람은 과다 섭취를 주의해야 한다.
과다 섭취 시 설사 등 부작용이 발생할 수 있다.

가래와 기침을 진정시킨다

해파리

 약선 데이터

체질	기체, 양열, 수독, 음허
오성	평
오미	함
귀경	간, 신장

 응용 포인트

해열 작용, 가래 제거작용, 장을 보습하는 작용이 있다.
폐열 기침, 건조성 변비, 고혈압에 도움이 된다.
하루 사용량은 60g이 적당하다.

• **고르는 법**
　제철 : 연중
　살이 두껍고 연한 갈색을 띠는 것을 고른다.

• **보관법**
　소금 절임한 것은 개봉 전에 직사광선이 닿지 않는 곳에 보관하고, 소비기한 내에 사용한다.
　개봉 후에는 냉장고에 보관하고 가능한 빨리 사용한다.

약선에서 자주 사용하는 식재료이다. 열을 내리고, 끈적끈적한 가래와 기침을 진정시킨다. 혈액순환이 나빠서 생긴 고혈압에 효과가 있으며, 혈관을 확장시켜 순환을 개선하기 때문에 협심증에도 효과가 있다고 알려져 있다.
대장을 촉촉하게 하는 효과도 있어, 변비와 소화불량을 개선한다. 수분대사도 잘되기 때문에 숙취와 부종에도 추천된다. 해파리의 껍질은 분비물 이상이나 관절통 개선에 효과적이다.

 함께 먹으면 좋아요

고혈압 예방에

미역

미역과 함께 무침요리를 만든다. 해파리는 혈압을 낮추는 작용이 있으며, 미역의 식이섬유는 과다한 나트륨을 배출하기 때문에 효과를 더욱 향상시킨다.

변비 해소에

오이

참기름

참기름을 사용하여 무침요리를 만든다. 둘 다 열을 제거하고 장을 촉촉하게 하는 효과가 있으므로, 몸속에 쌓인 열로 인한 변비를 개선한다. 참기름은 변비 개선 효과를 더욱 높인다.

 주의 하세요

신맛이 나는 과일과 함께 섭취하지 않는다
신맛이 강한 과일과 함께 섭취하면, 신맛이 소화기관을 자극하여 소화불량이 발생하기 쉽다.

08
PART

육류·유제품

육류·유제품은?

-육류는 기운을 더해주는 식재료이다-

육류는 크게 수육류와 금육류로 분류할 수 있으며, 약선 요리에서 오장의 기력을 보충하고, 기운을 더해주는 식재료로 여긴다.

일반적으로 식육류는 질이 높은 단백질과 지방, 그리고 무기질과 비타민의 양호한 공급원이다. 특히 식육류의 단백질은 인간의 건강유지와 발육 및 성장, 그리고 효소, 호르몬 생성에 필수 아미노산을 많이 함유하고 있다.

그러나 식육류를 과다 섭취하면 위장에 부담을 주어 오히려 건강을 해치게 할수 있으므로 야채와 함께 적당량을 먹는 것이 기본이다.

동물의 젖으로 만든 가공식품. 젖이라 함은 주로 소의 젖인 우유를 말하며, 유제품에는 그 근본이 되는 우유를 비롯해 크림, 버터, 치즈, 요구르트 등이 이에속한다.

유제품의 칼슘과 비타민 D 등은 성장기 어린이에 제공하는 영양소와 건강상이점은 잘 알려져 있다. 비단 어린이뿐만 아니라 모든 연령의 성인에게도 다양한 건강 및 영양상 이점을 제공한다.

다양한 측면에서 신체 기능을 향상시킨다

소고기

단백질과 미네랄이 풍부하여, 다양한 측면에서 신체의 기능을 향상시키고 체력을 회복하여 저항력을 높인다.

위의 기능을 향상시켜 소화력을 높이며, 근력을 강화하여 다리와 허리를 튼튼하게 하는 효과도 있다.

소화 흡수가 잘 되는 철분이 돼지고기보다 풍부하여, 빈혈 예방에도 효과가 있다.

소의 담석은 우황(牛黃)이라는 한방 생약으로, 심장병이나 뇌졸중으로 인한 의식장애 개선에 사용된다.

약선 데이터

체질	기허, 혈허
오성	온
오미	감
귀경	비장, 위

응용 포인트

병후식, 이유식에 좋은 식재료이다.

소화기능 촉진 작용, 기혈 보충 작용, 근골 강화 작용이 있다. 소화장애, 기력저하, 빈혈에 도움이 된다. 비위 강화, 기혈 보양, 근골 강화에 좋다.

• 고르는 법

살코기는 붉은색, 지방은 크림색 또는 흰색을 띠는 것이 좋다.

신선도가 떨어지면 색이 흐려진다.

고기의 조직이 미세하고 탄탄한 것을 선택한다.

• 보관법

냉장고에 보관하고, 소비기한 내에 소비한다.

냉동 보관도 가능하다.

함께 먹으면 좋아요

소화 기능이 좋지 않을 때

마

수프를 만든다. 마와 함께 소화기능을 개선하여, 약해진 위의 상태를 회복시킨다.

지방이 적은 살코기를 사용하며, 수프만 마셔도 도움이 된다.

체력 회복에

파

수프를 만들어, 지방을 건져내고 국물만 마신다.

파와 소고기는 몸을 따뜻하게 하며, 소고기의 풍부한 영양소가 체력 회복에 도움을 준다.

주의 하세요

생고기는 가급적 먹지 않는다

소고기는 생으로 먹을 수도 있지만, 식중독이나 소화불량의 우려가 있으므로 가급적 익혀서 섭취하는 것이 좋다.

소고기보다 비타민 B1을 함유량이 많다

돼지고기

신장의 기능을 강화하여 체력을 높이는데 도움을 주며, 질병 후의 체력 회복이나 허약체질 개선에 적합하다.
또한, 몸을 촉촉하게 하며 마른 기침, 건조한 피부, 갈증, 수분 부족으로 인한 변비, 모유분비 부족 등을 개선한다.
돼지고기는 칼로리가 높다고 하지만, 안심이나 다리고기와 같은 살코기는 닭고기보다 지방이 적어 건강에 좋다.
또한, 돼지고기는 소고기의 몇 배나 되는 비타민 B1을 함유하고 있다.

약선 데이터

체질	음허, 기허, 혈허
오성	량, 미한
오미	감, 함
귀경	비장, 위, 신장

응용 포인트

신장기능 강화작용, 혈액생성 촉진작용, 이뇨작용이 있다.
빈혈, 건조증, 마른기침에 도움이 된다.
불포화지방산의 함량이 높아 체내 콜레스테롤 축적을 막고, 성인병 예방에도 효과적이다.

- **고르는 법**
  고기는 연한 핑크색, 지방은 깨끗한 흰색이 좋다.
  고기의 조직은 치밀하고 윤기가 있으며, 매끈한 것이 좋다.

- **보관법**
  냉장고에 보관하고 소비기한 내에 소비하는 것이 좋다.
  냉동 보관도 가능하다.

 함께 먹으면 좋아요

불면증 개선에

마   구기자

지방이 적은 고기로 볶음요리를 만든다. 마가 기운을, 돼지고기가 혈액을 보충한다. 구기자는 신장과 간의 기능을 강화하여 안정된 수면을 유도한다.

변비 해소에

사과

돼지고기 안심과 사과로 포크소테를 만든다. 돼지고기의 몸을 촉촉하게 하는 효과로 장 건조를 예방하고, 사과는 과도한 열을 제거하여 장에 열이 쌓여 발생하는 변비를 해소한다.

주의 하세요

과도한 가열은 피하는 것이 좋다
과도하게 가열하면 비타민 B1이 파괴될 수 있으므로, 익히는 시간에 주의한다.
그러나 돼지고기에는 기생충이 있을 수 있으므로 적절히 익힌다.

피부 미용에 좋은 콜라겐이 풍부하다

닭고기

 약선 데이터

체질	기허, 양허
오성	온	오미	감
귀경	비장, 위

비장과 위의 기능을 돕고 위장을 따뜻하게 하여, 식욕부진과 설사를 개선한다. 혈액과 기를 보충하여, 피로회복과 모유분비를 촉진하는 효과도 있다.
생식기능을 향상시키는 작용도 있다고 알려져 있다.
소화 흡수가 용이하기 때문에 산후나 병후, 허약 체질개선에도 효과가 있다.
특히 껍질에는 콜라겐이 풍부하다.
콜라겐은 머리카락과 피부를 촉촉하게 하고, 뼈의 노화를 방지하며, 시력 기능을 향상시킨다.

 응용 포인트

병후식, 이유식에 좋은 식재료이다.
소화기능 촉진작용, 정(精)과 수(髓)를 보충하는 작용. 병후 신체허약, 식욕부진, 붓기에 도움이 된다. 콜라겐, 아미노산, 단백질, 불포화지방산 등이 풍부하여 피부 미용에 좋다.

• 고르는 법
  전체적으로 탱탱하고 윤기가 나는 것이 고른다. 껍질은 크림색이고, 살은 투명한 느낌이 있는 것이 좋다.

• 보관법
  육류 중에서도 특히 쉽게 상하기 때문에 냉장고에 보관하고, 소비기한 내에 소비하는 것이 좋다. 냉동 보관도 가능하다.

 함께 먹으면 좋아요

피로 회복에

 인삼
찹쌀

닭고기에 찹쌀과 인삼을 채워 넣고, 1시간 정도 끓여서 삼계탕을 만든다.
몸의 기운을 솟게 하고 피로를 회복시키는 효과가 있다.

위통 완화에

 생강
쌀

뼈가 붙은 다리고기를 사용하여 닭죽을 만든다. 모두 위장을 따뜻하게 하고 위의 상태를 조절하는 작용이 있다. 뼈의 칼슘은 기분을 이완시키므로 스트레스 완화에 효과적이다.

 주의
하세요

콜라겐은 비타민 C와 함께 섭취하면 효과가 더 좋다
콜라겐과 비타민C을 함께 섭취하면 효과가 상승하기 때문에, 브로콜리 등 비타민 C가 풍부한 야채와 함께 섭취하면 좋다.

미열, 열오름, 부종 등을 개선한다

오리고기

 약선 데이터

체질	기허, 수독, 양열

오성	량	오미	감, 함

귀경	비장, 위, 폐, 신장

 응용 포인트

기와 체액을 보충하는 작용, 이뇨 작용이 있다.

허약성 발열, 부종에 도움이 된다.

필수 아미노산, 각종 비타민, 무기질이 함유되어 있어 기력회복에 좋다.

• 고르는 법

껍질에 탄력과 윤기가 있으며, 살색은 밝고 선명한 색상이 좋다.
들었을 때 무게감이 있고, 털이 완벽하게 제거된 것을 선택한다.

• 보관법

냉장고에 보관하고, 소비기한 내에 사용한다.
냉동할 때는 고기가 냉기에 직접 닿지 않도록 확실하게 비닐랩으로 포장한다.

기운을 보충하고 몸의 열을 제거하여, 미열이나 홍조, 열오름을 해소한다.

신장의 기능을 강화하여, 소변배출을 촉진하므로 부종 해소에 도움이 된다.

또한 뇌, 신경, 심장 등의 기능을 정상화하며, 면역력을 향상시키는 비타민 B1도 풍부하다.

중국에서 말하는 오리는 집오리(家鴨)이며, 오리의 머리는 오리머리환(鴨頭丸)라는 한약재로 사용된다.

 함께 먹으면 좋아요

열오름 해소에

배

오리고기를 구워서 바나나와 함께 레드와인 스튜를 만든다.
오리고기는 과다한 열을 제거하고 배는 몸을 촉촉하게 하여, 미열, 열오름 등을 해소시킨다.

갱년기증후군에

미나리

오리고기와 미나리를 쪄서 먹는다.
오리고기와 미나리 모두 과다한 열을 제거하며, 갱년기의 열오름이나 불안감을 완화시킨다. 메밀을 추가해도 맛있다.

주의
하세요

요리하면서 여분의 지방을 제거한다

껍질에 지방이 많기 때문에 껍질에 칼집을 내어 구우면, 껍질에서 여분의 지방이 많이 나온다. 이것은 키친타올 등으로 제거한다.

몸을 따뜻하게 하는 효능이 우수하다

양고기

 약선 데이터

체질	기허, 양허
오성	온	오미	감
귀경	비장, 위, 신장

 응용 포인트

허약 체질을 개선하는 작용, 뇌기능 활성화 작용, 피부보습 작용이 있다.
허약성 어지럼증, 피부균열, 골절에 도움이 된다.
허약하고 차가운 몸에 기운을 더한다.

생후 1년 미만 어린 양고기는 램(lamb), 1년 이상 성장한 양고기는 마튼(mutton)라 한다.
양고기는 특히 몸을 따뜻하게 하는 성질이 많다.
위장의 기능을 향상시켜 식욕 부진을 해소하며, 위를 따뜻하게 하여 냉증과 허약 체질을 개선한다.
기운을 보충함으로써, 불안한 정신을 안정시키고 심계항진을 진정시킨다. 고령자나 체력이 허약한 사람의 다리와 허리의 통증이나 냉감을 해소한다.

- 고르는 법
  램은 연한 핑크색, 마튼은 선명한 붉은색, 지방은 깨끗한 흰색이 좋다.
  고기는 조직이 세밀하고 탱탱하며, 광택이 있는 것을 선택한다.

- 보관법
  냉장고에 보관하고, 소비기한 내에 소비한다.
  냉동 보관도 가능하다.

 함께 먹으면 좋아요

냉증 개선에

생강을 넣어 수프를 만든다.
둘 다 체온을 높여, 혈액순환을 좋게 한다. 한약재 당귀를 추가하여 끓인 후에, 양고기를 넣으면 효과가 더욱 좋아진다.

생강

위통 완화에

잘게 썬 양고기에 마늘과 커민 등의 향신료를 넣어 물만두를 만든다. 모두 몸을 따뜻하게 하여, 위의 냉기를 없애고 통증을 완화시킨다.

마늘   커민

주의
하세요

과도하게 따뜻한 성질을 줄이려면 박하를 사용한다
고혈압환자는 몸에 열이 쉽게 쌓일 수 있으므로, 몸을 식히는 재료인 박하와 함께 사용하여 과도하게 열이 오르는 것을 막을 수 있다.

한방식재료

약미향신료

유식류

채소류 버섯류

과실류

수산류

육류·육제품

조미료·양념

몸을 따뜻하게 하고, 기운을 솟게 한다

사슴고기

 약선 데이터

체질	양허, 혈허		
오성	온	오미	감, 함
귀경	비장, 신장		

 응용 포인트

허약체질 개선작용, 습기제거 작용, 진통 작용이 있다. 관절부종 통증, 허리 발목 통증에 도움이 된다.
저지방, 저콜레스테롤 다이어트 보양식으로 동맥경화, 빈혈, 성인병 등에 효과가 있다.

- 고르는 법
  가능한 지방이 적고, 고기의 색이 선명한 것을 선택한다.
  표면에 검은 자국이나 주름이 많은 것은 피한다.

- 보관법
  냉장고에 보관하고, 소비기한 내에 소비한다.
  냉동 보관도 가능하다.

약선에서는 양기를 보충하고 신장의 정(精)을 보충한다고 여겨, 겨울에 섭취하는 것이 좋다고 알려져 있다.
노화로 인한 냉증, 이명, 피로 등을 개선하며, 다리와 허리를 튼튼하게 만드는 효능도 있다.
혈액을 보충하는 작용이 있기 때문에, 허약체질로 인한 불임이나 출산 후 체력 저하 등에도 효과가 기대된다.
심신에 작용하여 정과 기를 보충하기 때문에, 노화방지에도 도움이 된다.

 함께 먹으면 좋아요

냉증 체질 및 불임 체질 개선에

시나몬　　홍화　　당귀

체온을 높이는 효과가 있는 식재료를 함께 사용하여 수프를 만든다.
혈액을 보양하고 순환을 좋게 한다.

노화 방지에

레드와인　　버섯류

레드와인은 사슴고기의 특유한 냄새를 줄이고, 양기의 순환을 돕는 효과가 있다. 비위 기능을 강화하는 버섯을 함께 섭취하면, 기혈음양을 보충하여 아름다운 피부와 노화방지.

 주의 하세요

열이 많은 체질은 섭취량을 줄인다
더위를 잘 타는 체질, 열이 많은 체질, 음이 부족한 체질, 위열이 있는 사람들은 적당히 섭취해야 한다. 겨울에 섭취하는 것을 권장한다.

기운을 보충하며, 피로 회복에 좋다

버터

한약식재료

외르향신료

알식류

채소류·버섯류

곡류

수산류

육류·유제품

조미료·기타

약선 데이터

체질	기허, 음허, 양열	
오성	미한	오미	감
귀경	비장, 폐, 대장	

응용 포인트

보습해열 작용, 기혈보충 작용, 갈증해소 작용이 있다.

건조증, 발열감, 기침에 도움이 된다.

불포화지방산인 리놀렌산을 함유하여 있어, 심혈관 질환과 심장 건강 그리고 항암에 좋다.

• 고르는 법

소비기한이 충분히 남은 것을 선택한다.
크림색이 선명한 것이 신선도가 좋다.

• 보관 법

냉장고에 보관한다(적정온도는 10도 이하).
산화되거나 다른 식품의 냄새가 배이지 않도록 밀폐용기에 넣어 보관한다.

기운을 보충하고, 몸에 수분을 공급하여 피로회복, 스트레스 해소, 건조한 피부 개선 등에 효과적이다.

버터의 노란색은 비타민 A의 색이며, 비타민 A는 피부와 점막을 건강하게 유지하고 세균 등에 대한 저항력을 높인다.

버터는 유지방 함량이 높지만, 실제로는 올리브오일보다 칼로리가 낮다. 영양가는 다른 기름보다 높으며, 맛이 좋기 때문에 요리에 많이 활용된다.

함께 먹으면 좋아요

변비 해소에

사과

버터, 밀가루, 설탕을 섞어 크러스트 형태로 만들고, 그 위에 잘게 썬 사과를 뿌려서 굽는다. 버터가 장을 촉촉하게 하며, 사과의 식이섬유가 변비를 조절해주고 버터의 지방분도 배출시킨다.

자양강장에

고구마   레몬

레몬조림을 만든다.
영양이 풍부한 조합으로, 고구마가 버터의 지방분을 배출시킨다. 복부팽만감을 방지한다.

주의
하세요

녹지 않도록 온도 관리에 유의한다

28~33도 정도에서 녹으며, 한 번 녹은 것은 냉장하여 딱딱하게 고체화시켜도 원래의 풍미나 식감이 돌아오지 않는다.

장의 기능을 조절한다

요구르트

약선 데이터
체질	음허, 기체		
오성	량	오미	감, 함
귀경	폐, 간, 비장		

응용 포인트

위장 보습작용, 배변 개선작용이 있다.
소화기능 개선, 변비 해소에 도움이 된다.
혈관 속의 지방을 줄여 피가 몸을 잘 순환하
도록 하여, 심장병, 뇌졸중 등 혈관 질환 예방
에 도움이 된다.

요구르트는 우유에 유산균을 첨가하여 발효시킨 것이다.
위장을 촉촉하게 하는 효과가 있으며, 유산균이 장의 상태
를 조절하여 변비 해소에 효과적이다.
건조한 피부개선에도 도움이 된다.
장속의 좋은 세균을 증가시켜 장내 환경을 조절함으로써,
노화 예방에 효과가 있다고 알려져 있다.
풍부한 칼슘은 유산균에 의해 효율적으로 흡수되며, 골다
공증 예방에도 효과적이다.

- 고르는 법
  제조 일자가 최근의 것을 선택한다.
  윗부분에 투명한 액체가 적고, 흰색이 깨끗한 것
  이 신선한 것이다.

- 보관법
  냉장고에서 보관하고, 소비기한 내에 섭취한다.
  냉동실에서 얼려서 프로즌요구르트로 만들어
  도 좋다.

함께 먹으면 좋아요

변비 해소에

무화과

잘게 썬 무화과 2~3개, 요구르트 1컵, 치킨콘소메수프 50ml를 섞어
수프를 만든다. 요구르트의 장 기능을 조절하는 작용에 무화과의 식
이섬유가 더해져 배변효과가 증가한다.

피부 미용에

오이

샐러드를 만든다.
요구르트와 오이 모두 피부를 촉촉하게 해주는 효능이 있다.
신맛을 더하고자 한다면, 비타민 C가 풍부한 레몬주스를 추가한다.

주의 하세요

비만이 걱정되면 무가당요구르트를 사용한다
요구르트는 다양한 타입의 제품이 시판되고 있으며, 비만이 걱정되는 사람은 무가당 요
구르트를 선택한다.

몸을 촉촉하게 하고, 불안감을 해소한다

약선 데이터

체질	음허, 혈허, 기허
오성	미한	오미	감
귀경	심장, 폐, 위

응용 포인트

폐와 위장기능 개선작용, 혈액생성 촉진작용,
보습 작용, 허손 개선작용이 있다.
신체허약, 변비에 도움이 된다.

몸을 촉촉하게 하는 효과가 있어, 건조한 피부 개선에 효
과적이다. 칼슘이 풍부하며, 소화 흡수율이 40~70%로 높
다. 뼈와 치아를 강화하고, 정신을 안정시켜 불안감을 해
소하는데 도움이 된다.
지방 및 당류를 에너지로 전환하는 비타민 B2도 함유되
어, 동맥경화 예방에도 효과가 있다고 알려져 있다.
생으로 섭취하는 것은 물론, 디저트부터 요리까지 다양하
게 사용하여 손쉽게 영양을 보충할 수 있다.

• 고르는 법
  소비기한이 많이 남아있는 것을 선택한다.
  우유 성분을 손상시키지 않는 저온살균우유가 바
  람직하다.

• 보관법
  냉장고에 보관한다.
  소비기한은 미개봉 상태의 기한이므로, 개봉하면
  가능한 빨리 소비해야 한다.

함께 먹으면 좋아요

위통 완화에

쌀

우유죽을 만든다.
쌀은 기를 순환시키고, 우유는 위벽을 보호해준다. 먹은 음식을 효
과적으로 혈액으로 전환할 수 없는 혈허증 환자에게 추천된다.

피부 미용에

흰목이
버섯

불린 흰목이버섯을 끓여 우유를 넣고 10분 정도 더 끓인 후 마지막
으로 꿀을 넣는다. 우유와 흰목이버섯 모두 피부를 보습하는 효과
가 있어 피부미용에 좋다.

주의
하세요

저지방우유로 지방 섭취를 줄인다
영양가가 높을수록 지방도 많이 포함되어 있으므로, 생활습관병이 걱정되는 경우에는
저지방우유를 사용하는 것이 좋다.

소화 흡수가 잘 되는 양질의 단백질

치즈

 약선 데이터

체질	양열, 음허
오성	미한	오미	감, 산
귀경	폐, 위, 대장

 응용 포인트

해열 보습 작용, 폐와 위장기능 개선작용, 갈
증해소 작용이 있다.
열감성 갈증, 건조성 변비, 피부건조에 도움
이 된다.

수분을 보충하여 폐 기능을 돕고, 미열, 목의 갈증, 건조한
기침, 피부 가려움증을 진정시킨다. 장을 촉촉하게 해주는
효과도 있어 변비를 해소에도 도움이 된다.
단백질의 소화흡수율은 우유보다 높으며, 세포의 활성화
와 점막보호에 효과적인 비타민 B2도 풍부하다.
우유를 유산균과 효소로 발효시킨 것이 내추럴 치즈이고,
여러 종류의 내추럴치즈를 가열하여 섞은 것이 프로세스
치즈이다.

• 고르는 법
　종류에 따라 다르지만, 온도 관리가 잘 되는 냉
　장고에 보관하고, 소비기한이 임박하지 않은 제
　품을 선택한다.

• 보관법
　냉장고에 보관한다. 소비기한은 종류에 따라 다
　양하기 때문에, 표시된 날짜를 지켜서 소비한다.

 함께 먹으면 좋아요

변비 해소에

샐러리

녹인 치즈를 샐러리에 발라 먹는다.
치즈의 장을 촉촉하게 하는 작용과 샐러리의 식이섬유가 배변을 촉
진시켜 변비 해소에도 효과가 있다.

자양강장에

버섯　　　쌀

버섯이 들어간 치즈리조또를 만든다. 쌀과 치즈의 영양
이 체력을 채워주고, 버섯의 식이섬유가 과다한 지방을
배출한다. 허약하고 혈액이 부족한 사람들에게 추천.

주의
하세요

샐러리와 버섯을 함께 섭취한다
치즈의 지방 함량이 20~50%이므로, 혈액을 맑게 유지해주는 샐러리나 버섯과 같은 식
품과 함께 섭취하면 동맥경화와 중성지방의 상승을 예방할 수 있다.

풍부한 영양소를 균형 있게 포함

달걀

약선 데이터

체질	난황 : 음허, 혈허, 난백 : 양열, 음허
오성	난황 : 평, 난백 : 량	오미	감
귀경	폐, 비장, 위

응용 포인트

보습 작용, 혈액생성 촉진작용이 있다.
마른기침, 인후통에 도움이 된다.
하루 사용량은 3개가 적당하다.

달걀의 노른자는 평한 성질이며, 흰자는 서늘한 성질을 가진다. 비타민 C와 식이섬유를 제외한 영양성분을 포함하는, 거의 완전한 영양식품이다.
몸을 촉촉하게 하여 건조한 기침이나 입 안의 건조함을 없앤다. 혈액을 보충하고 불면증, 어지럼증, 정신불안 등의 증상을 개선하는 효과도 있다.
달걀에는 필수 아미노산 8종이 함유되어 있으며, 그 중 하나인 메티오닌은 항우울, 항알레르기 효과가 있다.

• 고르는 법
    표면이 까칠까칠하고 손에 들었을 때 무게감을 느끼며, 빛에 비추면 투명하게 보이는 것이 신선하다.
    최근에 낳은 것을 선택한다.

• 보관법
    뾰족한 부분을 아래로 해서 냉장고에서 냉장 보관한다.

함께 먹으면 좋아요

자율신경실조증 개선에

구기자

대추

구기자와 대추를 끓이고 계란, 우유, 꿀을 추가하여 푸딩을 만든다. 구기자와 대추는 비장과 위의 기능을 돕고, 달걀은 심장과 신장의 기능을 도움으로써 약해진 기운을 보충한다.

스트레스 완화에

토마토

토마토와 달걀로 볶음 요리를 만든다. 달걀은 신장의 기능을 돕고 토마토는 몸에 과다한 열을 없애므로, 심신의 안정과 갈증완화에 도움이 된다.

**주의
하세요**

비타민 C와 식이섬유를 보충한다
완전식품으로 알려진 달걀에 비타민 C와 식이섬유를 포함한 재료를 추가하여 요리한다. 이 두 가지 성분은 다양한 재료에서 얻을 수 있다.

한방식재료
와무 향신료
양식류
채소류·버섯류
과일류
수산류
곡류·유제품
조미료·음료

달걀보다 고단백질이 풍부하다

메추리알

약선 데이터

체질	기허
오성	평	오미	감
귀경	비장, 간, 신장

응용 포인트

병후식, 이유식에 좋은 식재료이다.
허약체질 개선작용, 소화기능 촉진작용이 있다. 소화장애, 무기력, 불면에 도움이 된다.
콜린 성분은 뇌 기능을 강화시켜 기억력을 유지시켜주며, 뇌를 활성화시키는 역할을 한다.

• 고르는 법
  생산일자를 보고 최근에 낳은 신선한 것을 선택한다.

• 보관법
  냉장고에 보관하고, 소비기한 내에 모두 소비한다.

메추리알은 달걀에 비해 단백질 함유량이 높다. 약선에서는 보익류에 속하며, 기를 보충하고 내장기능을 향상시켜 근력과 뼈의 강도를 유지한다. 또한 빈혈, 영양부족, 불면증, 체력 부족을 개선하고 시력 저하도 방지한다.
매일 2~3개를 섭취함으로써 노화방지와 피부 미용효과도 기대할 수 있다. 뼈와 관절을 강화하는 데 도움을 주며 어지럼증, 피로감, 기억력 저하와 같은 정신적 불균형, 허약 체질의 불면증에도 효과가 있다.

함께 먹으면 좋아요

노화 방지에

구기자　대추　금귤

수프를 만든다. 메추리알, 구기자, 대추는 간, 신장, 비장의 기능을 강화하는 효과가 있으며, 금귤은 기를 순환시켜 효과를 높인다.

불면증이나 빈혈에

용안육　대추

용안육, 대추는 모두 마음을 평온하게 하고, 혈액을 보충하는 효과가 있는 식재료이다.
함께 섭취하면 상승효과를 얻을 수 있다.

주의
하세요

몸의 상태가 좋지 않을 때는 신중하게
위장형 감기, 기침이 심하고 가래가 많을 때는 섭취량을 조절한다.

09
PART

조미료·음료

조미료·음료는?

-조미료는 음식의 맛을 살리면서 효능을 더 한다-

  조미료는 조리과정에서 음식의 맛, 향미, 빛깔, 모양, 질감, 윤기 등을 개선할 수 있는 부재료 식품을 말한다. 조미 기능 외에도 소화촉진, 방부, 온중, 해울 등의 다양한 효능을 가지고 있다.

  약선에서도 조미료를 다양하게 활용한다. 조미료는 일상의 요리에서 필수적인 것이므로, 그 성질을 알아두면 건강한 식생활에 도움이 된다. 기본적인 것으로는 설탕, 소금, 식초, 간장, 된장이 있다.

  음료에는 커피와 녹차를 비롯하여, 우리가 즐겨 마시는 약선차 등 여러 가지 종류가 있다.

  차마다 각각의 성질이 있기 때문에 자신의 몸에 맞는 차를 골라 마시면 좋다.

몸의 열을 내려서, 식욕부진을 개선한다

간장

약선 데이터

체질	양열
오성	한 오미 함
귀경	비장, 위, 신장

응용 포인트

간의 해독 작용을 도와 체내 유독물질을 제거하며, 알코올과 니코틴의 해독을 돕고 혈액을 맑게 한다.
비타민의 체내 합성을 촉진하고 칼슘과 인의 대사조절로 치아나 뼈 조직을 단단하게 한다

• 고르는 법
  직사광선이 닿지 않는 곳에 보관되고, 제조일자가 최근의 것을 선택한다.

• 보관법
  유통되는 간장은 가열처리가 되어 있기 때문에 실온에서 보관할 수 있다.
  가열처리되지 않은 생간장은 쉽게 상할 수 있으므로 냉장고에 보관한다.
  개봉 후에는 가능한 빨리 소비한다.

몸속에 쌓인 과다한 열을 식히기 때문에, 식욕부진이나 여름더위 등에 효과적이다. 또한, 해독작용도 있어 생선과 같은 날음식으로부터 식중독을 예방할 수 있다.
재료의 맛을 뽑아내며, 식욕을 자극하는 효과도 있다.
천천히 발효시킴으로써 영양가가 향상되며, 1년 이상 숙성발효시킨 것을 사용하는 것이 좋다.
부종이나 고혈압이 걱정되는 사람은 사용량을 제한한다.

함께 먹으면 좋아요

열오름 해소에

오이

간장으로 무친다.
모두 체온을 낮추는 효과가 있으며, 오이의 칼륨은 과다한 소금을 배출하는 데 도움을 준다.

피로 회복에

전갱이

전갱이 조림을 만든다.
간장은 전갱이의 맛을 살려 식욕을 증가시키고, 전갱이의 풍부한 영양소로 체력을 회복시킨다. 생강과 양파를 추가해도 좋다.

주의하세요

가열 시간은 가능하면 짧게
간장은 오래 가열하면 향기, 맛, 영양소가 모두 손상될 수 있으므로 과도한 가열을 피하는 것이 좋다.

열오름, 정신불안 등을 해소한다

된장

 약선 데이터

체질	기체, 수독, 양열
오성	량 오미 함, 산
귀경	비장, 위, 신장, 간

 응용 포인트

신장기능 강화작용, 혈액생성 촉진작용, 이뇨
작용이 있다.
빈혈, 건조증, 마른기침에 도움이 된다.

여분의 수분을 배출시키므로써, 부종을 제거하는 효과가
있다. 몸의 열을 식혀 발열, 열오름, 정신불안 등을 해소
한다.
또한, 된장의 리놀산은 콜레스테롤 수치를 낮추고, 사포닌
은 노화방지에 도움이 된다고 알려져 있다.
이소플라본, 비타민 E, 칼슘의 상호작용으로 뼈를 강화하
고, 골다공증을 예방하는 효과도 기대할 수 있다.
다만, 소금 함유량이 많기 때문에 과다 섭취는 주의해야
한다.

• 고르는 법
  구입할 때는 콩 함유량과 식품유형에서 한식 된
  장 제조 방법을 확인하여 첨가물이 최소한 추가
  된 제품을 선택한다.

• 보관법
  냉장고에 보관하고, 소비기한 내에 소비한다. 수
  제 된장은 시판품보다 쉽게 상할 수 있으므로 빨
  리 사용한다.

 함께 먹으면 좋아요

간 기능 개선에

오징어

오징어된장볶음을 만든다.
오징어의 타우린과 된장의 메티오닌이 간 기능을 돕는다.
술과 미림(단맛이 나는 조미술)을 추가하면 더 맛있게 먹을 수 있다.

피로 회복에

돼지고기

돼지고기된장구이를 만든다. 돼지고기를 숙성시킬 된장소스를 만든
다. 돼지고기에 풍부한 비타민 B1이 피로를 회복시키고, 된장이 돼지
고기의 냄새를 없앤다.

주의
하세요

과용에 주의한다
된장은 염도가 높기 때문에 간을 잘 조절하여 조리한다. 과다 사용하지 않도록 한다.

열을 제거하고, 위의 기능을 돕는다

소금

과식이나 소화불량으로 음식물이 위에 쌓여 생기는 메스꺼움과 팽만감을 개선한다. 체내에 쌓인 열을 식혀 주며, 끈적끈적한 가래를 녹이는 효과도 있다.

신체 기능을 정상적으로 유지하기 위해서는 소금은 필수 불가결한 요소이다.

체내의 염분량이 극도로 감소하면 어지러움, 구토, 시력저하, 경련 등의 증상이 나타난다. 많은 땀을 흘렸을 때는 조금 많은 양의 소금을 섭취하는 것도 도움이 된다.

약선 데이터

체질	양열
오성	한
오미	함
귀경	위, 신장, 대장, 소장

응용 포인트

소금의 건강기능성은 항산화 효과, 비만 개선 효과 등이 있다.

제염·제독, 살균 및 방부 작용 등 여러 효능이 뛰어나다.

- •고르는 법

  습기가 적은 곳에 보관되고, 저장 상태가 좋은 것을 선택한다.

  물에 녹았을 때 찌꺼기가 없는 것을 고른다.

- •보관법

  직사광선을 피하고, 온도와 습도가 높지 않는 곳에서 보관한다.

  개봉 후에는 밀폐 가능한 용기에 옮겨 넣고, 벌레나 먼지가 들어가지 않도록 주의한다.

함께 먹으면 좋아요

복부 팽만감에

배추

소금으로 간을 하여 맑은 탕을 만든다.

소금은 경직된 것을 부드럽게 만드는 효과가 있으며, 배추의 식이섬유와 함께 배변을 촉진하고 복부 팽만감을 해소한다.

피로 회복에는

돼지고기

돼지고기에 소금을 뿌려 냉장고에서 하루 동안 숙성시킨 다음, 삶거나 찐다. 소금은 신장 기능을 돕고, 돼지고기의 비타민 B1은 피로 회복 효과를 촉진시킨다.

주의하세요

소금을 과다 사용하면 건강에 해롭다

소금을 과다 섭취하면 부종이나 고혈압 등의 원인이 된다.

일반적으로는 싱거운 맛을 의식하고 조리한다.

한방식재료

약념·향신료

양식류

채소류·버섯류

과실류

수산류

육류·유제품

조미료·음료

피를 맑게 하고, 혈행을 촉진한다

식초

약선 데이터

체질	어혈, 기체
오성	온
오미	산, 고
귀경	간, 위

응용 포인트

초산, 구연산, 주석산, 아미노산 등 60가지 이상의 유기산이 들어있다.
이들 성분은 체내 신진대사를 활발하게 하고 몸속의 찌꺼기를 없애주는 작용을 한다.

• 고르는 법
  직사광선이 닿지 않는 곳에 보관하며, 제조일자가 최근의 것을 선택한다.

• 보관법
  냉암소에 보관한다.
  공기 중의 초산균이 혼입되면 부유물이 생겨 맛이 저하될 수 있으므로, 개봉 후에는 반드시 뚜껑을 닫아 보관한다.

식초에는 현미식초, 흑초, 홍초, 사과식초 등 다양한 종류가 있다. 일본에서는 현미식초가 일반적이지만, 중국에서는 식초라 하면 백초 혹은 흑초를 가리킨다.
모든 종류의 식초는 혈액을 맑게 하고 순환을 원활하게 하는 효과가 있으므로, 혈액순환이 원활하지 않아 발생하는 냉증, 열오름, 피부 트러블 등에 효과적이다.
신맛은 타액 분비를 촉진시키며, 식욕부진이나 소화불량을 개선한다. 살균작용도 있다.

함께 먹으면 좋아요

혈전 예방에

정어리

횟감용 정어리를 식초에 절인다.
정어리에 함유된 EPA도 혈액을 맑게 하는 효과가 높기 때문에, 식초와 함께 섭취하면 효과가 높아진다.

과식했을 때

생강

생강식초절임을 만든다.
생강의 따뜻한 성질이 위장을 따뜻하게 하여 소화를 촉진한다.
식초는 타액 분비를 촉진하여 소화불량을 개선하는 효과가 있다.

주의 하세요

식초를 과다 섭취하면, 뼈가 약해진다
식초를 과다하게 섭취하면 뼈 속의 칼슘을 용해시켜 골다공증의 원인이 된다.
하루에 큰 숟가락으로 2술이 적정 섭취량이다.

단맛이 피로를 풀어주고, 기운을 돋워준다

설탕

백설탕

흑설탕

설탕은 몸을 따뜻하게 하여, 냉감, 식욕부진, 피로, 설사를
개선에 도움을 준다. 산후 오로 배출도 촉진한다.
감기 예방에도 사용되며, 추위로 인한 생리통이나 월경불
순에도 효과적이다. 빙당은 몸을 차게 하여 열감이나 열오
름 증상에 효과적이다.
또한, 폐를 촉촉하게 하고 가래의 배출을 쉽게 하여, 기침
을 멈추게 하거나 체내의 독소를 배출한다.

 약

체질	백: 음허, 기허 흑: 혈허, 어혈, 양허
오성	백: 평 흑: 온 **오미** 감
귀경	백: 비장 흑: 비장, 위, 간

 응용 포인트

설탕은 에너지원으로 사용되어 피로를 풀어
주고 기운을 돋워 준다.
천연올리고당 성분이 장 내부를 청소하고 배
에 가스가 차는 것을 방지한다.

• 고르는 법
　제조일자가 최근의 제품을 선택한다.

• 보관법
　실온에서 보관한다.
　습기에 노출되면 풍미가 떨어지므로, 습도가 낮
　은 곳에 보관하는 것이 좋다.
　벌레가 들어가지 않도록 뚜껑을 닫는 용기에 보
　관한다.

 함께 먹으면 좋아요

생강

초기 감기에

얇게 슬라이스한 생강을 약 10분 정도 끓인 후, 흑설탕을 넣어 마
신다. 두 재료 모두 온열 효과가 있어, 감기 초기에 느끼는 추위
를 줄일 수 있다.

녹두

여름더위 해소에

녹두를 부드럽게 삶고, 설탕을 넣어 단팥죽을 만든다.
녹두는 열을 내려주는 효과가 있어, 더위로 인한 피로를 해소시킨
다. 실온에서 식힌 후 섭취한다.

주의
하세요

요리에 따라 선택해서 사용한다
백설탕은 달콤함이 세련되고 맑은 맛을 가지며, 흑설탕은 풍미가 있고 복잡한 맛을 가지
고 있다. 요리에 따라 선택해서 사용한다.

한방식재료

어류·환식물

양식류

채소류 버섯류

곡류

수산류

부주·부재료

조미료·향신료

몸을 따뜻하게 하고, 기운을 솟게 한다

빙당

 약선 데이터

체질	기허, 음허		
오성	평	오미	감
귀경	비장, 폐		

빙당 즉 얼음설탕은 순도가 높은 수크로오스액을 조려서 만든 결정이 큰 설탕을 말한다.
빙당은 비교적 평한 성질로, 흑설탕처럼 온열한 성질은 없다.
따라서 쉽게 습이나 담이나 열을 생성하지 않으며, 몸이 건조한 증상에 효과적이다 .
몸속에 열이 많거나 음액이 부족할 때 약선 원료로 많이 사용된다.

 응용 포인트

소화기능을 좋게 하여 소화력을 높이며, 폐를 촉촉하게 하는 효능이 있다.
또 기침을 진정시키고, 가래를 그치게 하는 작용도 우수하다.

• 고르는 법
제조일자가 최근의 제품을 선택한다.

• 보관법
직사광선을 피하고, 건조하고 서늘한 실온에서 보관한다.
벌레가 들어가지 않도록 뚜껑을 닫는 용기에 보관한다.

 함께 먹으면 좋아요

허약체질 개선에

용안육

빙당 100g, 용안육 100g을 달여서 매일 먹는다.
기혈을 보양하기 때문에, 몸이 허약하거나 머리가 어지럽고 눈에 헛꽃이 보이는 데 좋다.

노화 방지에

배   꿀

배 1개를 속을 파고 빙당 15g을 넣거나 꿀을 넣어 즙을 내어 먹는다. 폐가 허하여 생긴 감기가 잘 안 낫거나, 감기 후 유증으로 인한 오랜 기침과 가래에 좋다.

주의
하세요

과다 사용하지 않는다
빙당은 섭취시 특별한 부작용은 없지만, 과다 사용하지 않는 것이 좋다

폐와 장을 촉촉하게 하고, 건조를 방지한다

꿀

폐를 촉촉하게 하여 기침, 천식, 피부 건조를 개선한다.
장을 촉촉하게 하는 효과가 높아, 건조가 원인인 변비에
도 효과적이다.
비장과 위의 기능장애 및 복통을 완화한다. 영양이 풍부하
여 피로회복과 구내염 개선에도 효과가 있다.
위 점막을 보호하여 위장이 약한 사람들에게도 권장된다.
한방에서는 꿀의 효능을 중시하며, 치유를 촉진하고 식욕
부진 및 위장약으로 사용된다.

약선 데이터

체질	음허, 기허
오성	평(잡화꿀)
오미	감
귀경	비장, 폐, 대장

응용 포인트

염증 및 통증 완화, 독소배출, 피부미용, 피로
회복, 면역력 향상, 콜레스테롤수치 저하. 심
장병 예방, 복부팽만 방지, 감기증상 완화 등
의 다양한 효능이 있다

• 고르는 법
설탕을 추가하지 않은 순수 꿀로, 가급적 국내 제
품이 바람직하다.
꽃의 종류에 따라 향과 맛이 다르므로 원하는 종
류를 선택하는 것이 좋다.

• 보관법
직사광선이 닿지 않는 서늘한 곳에 보관한다.
벌레 등이 들어가지 않도록 뚜껑을 꼭 닫아 둔다.

함께 먹으면 좋아요

피로 회복에

레몬으로 꿀절임을 담근다.
레몬의 비타민 C와 구연산, 꿀의 비타민 B1, B2가 피로를 해소시킨
다. 레모네이드를 마셔도 같은 효과를 볼 수 있다.

레몬

변비 해소에

호두에 꿀을 뿌려 먹는다.
꿀과 호두 모두에 장을 윤택하게 하는 작용이 있어, 배변을 원활하게
함으로써 변비를 해소하는 데 도움이 된다.

호두

주의
하세요

한 살 미만의 갓난아기에게는 먹이지 않는다
보툴리누스균의 독소로 인해 신경마비성 식중독을 일으킬 수 있으므로, 1세 미만의 갓
난아기에게는 먹이지 않는다.

한방약식재료

해조·향신료

육식류

채소류·버섯류

과실류

수산류

곡류·유제품

조미료·음료

몸을 따뜻하게 하고, 체력을 회복시킨다

물엿

약선 데이터

체질	기허, 음허
오성	미온	오미	감
귀경	비장, 위, 폐

응용 포인트

성질이 따뜻하고 맛이 달아서, 먹으면 비위를 튼튼하게 하고 기력을 더해준다.
몸이 차고 허할때 사용하면 좋다.
만성 피로, 소아식욕부진, 복통, 헛땀, 심계항진에 효과가 있다.

- 고르는 법
  화학적으로 정제된 것이 아니라, 예로부터 전통적인 방식으로 제조한 제품을 선택한다.

- 보관법
  직사광선을 피하고 습도가 낮은 곳에서, 상온에 보관한다.

약선에서 굳은 것을 교이(膠飴)라고 하며, 기와 음을 보양하여 기와 음의 부족으로 인한 복통, 만성 기침, 호흡곤란 등을 완화하는 데 사용된다.
진통 및 체질개선에도 효과적이다.
점성이 있으며, 몸을 촉촉하게 하는 효과도 뛰어나다.
과로로 인해 위장이 약할 때 섭취하면 체력을 높이는 효과가 있다. 직접 떠 먹거나, 따뜻한 물에 녹여 마셔도 좋다.

함께 먹으면 좋아요

복부 냉감, 복통에

생강

생강이나 건강(건조시킨 생강)과 함께 사용하면 체온을 올리는 효과가 높아진다.
따뜻한 물에 녹인 물엿에 끓인 생강이나 건강가루를 넣어 섭취한다.

자양강장에

인삼 황기 당귀

에너지가 부족하다고 느낄 때는 인삼이나 황기를 함께 사용하며, 빈혈이 있는 경우에는 당귀와 함께 사용한다. 모두 차나 끓인 물에 물엿으로 단맛을 더한다.

주의 하세요

과다 섭취하지 않는다
설탕, 물엿 등 당류를 과잉 섭취할 경우 기억력의 중추인 해마를 위축시켜 혈관성치매 위험이 높아진다. 또, 비만 위험도도 높아진다.

풍부한 유지성분이 통변을 촉진한다

참깨

흰참깨가 검정깨보다 유분을 많이 포함하여, 약선에서는 변비 개선에 자주 사용된다.

참깨로 짠 참기름에는 몸의 열을 없애고, 피부를 촉촉하게 하는 효과가 있다.

또한, 참깨 기름은 불질화지방산(리놀레산, 올레산 등)으로 지질대사를 원활하게 하고 동맥경화를 예방한다.

항산화작용이 강한 특유의 성분 세사민도 많이 포함되어 있다.

 약선 데이터

체질	음허, 혈허
오성	평 **오미** 감
귀경	폐, 비장, 간, 신장

 응용 포인트

병후식에 좋은 식재료이다.

간과 신장을 보하고 정수(精髓)를 생성시키며, 뼈와 근육을 튼튼하게 하는 효능이 우수하다.

또, 혈뇨나 변비를 개선하는 데 도움이 된다

• 고르는 법
  제철 : 9~10월
  입자의 크기가 고른 것이 품질이 좋은 것이다.
  입자가 통통하고 단단한 것을 선택한다.

• 보관법
  참깨에 함유된 유분은 산화하기 쉽기 때문에 고온다습을 피하는 것이 기본이다.
  개봉 후에는 밀폐용기에 옮겨 냉암소나 냉장고에 보관한다.

 함께 먹으면 좋아요

변비 해소에

시금치

참깨와 시금치를 무친 요리는 통변 작용이 있다.
특히 노화로 인해 위장의 힘이 약해서 생긴 노인성변비에 효과가 있다.

골다공증 예방에

식초

빻은 참깨로 드레싱을 만든다.
식초는 칼슘의 흡수를 높이는 작용이 있어서, 참깨의 칼슘을 효율적으로 섭취하게 하여 뼈를 강하게 만든다.

**주의
하세요**

양허인 사람은 설사에 주의
몸이 차가운 사람이 과식하면 설사를 유발할 수도 있다.
한번에 많이 먹지 않고, 매일 조금씩 먹는 것이 좋다.

간과 신장을 보하는 스테미너 식품

검정깨

약선 데이터

체질	음허, 혈허		
오성	평	오미	감
귀경	간, 신장, 비장		

응용 포인트

병후식에 좋은 식재료이다.

탈모 예방, 두뇌 건강, 혈관 건강, 눈 건강, 항암 효과, 골다공증 예방, 피부미용, 노화 방지, 변비 개선, 염증 제거 등 다양한 효능을 가지고 있다.

검정깨는 혈액과 간, 정(精)과 신장을 보하는 '장생불로식'이라고 한다.

외피의 색소성분인 폴리페놀은 레드와인의 몇 배나 되는 항산화효능이 있다고 한다. 노화를 방지하는 효능도 우수하다.

또한, 검정깨에 포함된 세사민과 비타민 E가 혈류를 개선하고 심장의 기능을 돕는다. 변비해소, 뼈강화, 피부미백, 백발개선 등 다양한 효능이 있다.

- 고르는 법
  제철 : 9~10월
  입자의 크기가 균일하고 검은색 윤기가 있는 것이 좋다. 잘 건조된 것을 고른다.

- 보관법
  봉투에 넣어 보관할 때는 가능한 한 공기를 빼고 잘 밀봉한다.
  여름철에는 냉장고에 보관하는 것이 좋다.

함께 먹으면 좋아요

노화 방지에

꿀

검정깨가 간과 신장을 보하고 꿀이 수분을 공급함으로써 노화방지 효과도 기대할 수 있다.
빻은 검정깨와 꿀로 페이스트를 만들어 빵 등에 얹어 먹는다.

혈전 예방에

갈근

반죽한 검정깨를 맛국물에 녹이고, 여기에 물에 녹인 갈근가루를 섞어 검정깨두부로 만든다. 검정깨가 정(精)을 만들고 갈근이 면역력을 높여 건강한 체력을 만든다.

주의 하세요

검정깨는 갈아서 사용한다
검정깨를 절구에 빻아서 가루로 만들어 먹으면 소화흡수가 잘 된다.
갈기 전에 살짝 볶으면 향이 더 진해진다.

한방식재료

외부항신료

육식류

채소류 보양류

과실류

수산류

곡류 두류제품

조미료 외음

참깨 특유의 영양소가 풍부

참기름

참깨의 리그난 성분은 지방의 산화를 방지한다.
또한, 대표적인 리그난인 세사민은 간 기능활성화 및 지방
연소를 촉진하는 효과도 기대할 수 있다.
노화 억제 효과, 지질과산화 억제 효과, 비타민 E 증강 효
과 등이 확인되었다.

 약선 데이터

체질	음허
오성	량	오미	감
귀경	대장

 응용 포인트

보습 작용, 배변 촉진작용, 피부 보호 작용이
있다. 건조성 변비, 식체 복통, 피부균열 개선
에 도움이 된다.

• 고르는 법
국내산을 선택한다. 유통 과정이 짧기 때문에 신
선도가 좋고 그만큼 영양소가 잘 보존되어 산화
가 덜 된 상태일 가능성이 높기 때문이다.

• 보관법
직사광선이 들지 않는 서늘한 곳에 밀폐해 보관
하는 것이 좋다

활성산소로 인한 피해를 막아준다

올리브유

올레인산과 항산화비타민이 풍부하며, 특히 엑스트라버진
오일에는 항산화작용이 뛰어난 올레오칸탈을 풍부하게 포
함하고 있다.
불포화지방산인 올레인산은 우리 몸속의 유해한 콜레스테
롤 수치를 낮춰 혈관과 혈액이 깨끗해지도록 도움을 준다.

 약선 데이터

체질	음허
오성	평	오미	감, 산
귀경	폐, 위, 대장

 응용 포인트

혈행 개선작용, 소화기능 촉진작용, 보습 작
용이 있다. 혈액순환 장애개선, 식욕부진 개
선, 피부노화 방지에 도움이 된다.

• 고르는 법
엑스트라 버진 등급이 최상급이다.
유리병에 들어있는 올리브유를 고른다. 페트병에
담긴 기름은 유해 성분의 녹아들 수 있다.

• 보관법
구입 후, 개봉을 했다면 상온의 그늘 진 곳에 보
관한다.

염증 억제효과가 우수하다

들기름

들기름은 참기름과 함께, 오래 전부터 사용해온 식재료의 하나이다.
지방산의 구성은 오메가-3인 알파리놀렌산이 58%로 풍부하게 포함되어 있는 것이 특징이다.
항산화 물질 루테올린을 포함하고 있으며, 염증을 억제하는 작용이 있다.

약선 데이터- 교체

체질	음허		
오성	온	오미	신
귀경	비, 위, 폐, 대장		

응용 포인트

장을 보습하는 작용, 모발 보호작용이 있다.
건조성 변비, 모발 건조 손상에 도움이 된다.
하루 사용량은 5g이 적당하다.

•고르는 법
  황금색을 띠고, 고소한 맛보다는 들깨 본연의 맛과 향이 나는 것이 좋다.

•보관법
  맛과 향을 보존하려면 4℃ 이하 저온에서 보관해야 한다.
  뚜껑을 닫아 밀폐한 채로 보관한다.

강력한 항산화 오일

아마인유

염증을 억제하는 오메가-3 지방산인 알파리놀렌산이 57%로 많이 포함되어 있다.
세포막의 젊음을 유지하고, 혈관을 넓혀 혈류를 증가시킨다. 강력한 항산화작용을 가진 폴리페놀의 일종인 리그난이 풍부하다.

약선 데이터

체질	음허		
오성	평	오미	감
귀경	간, 위, 대장		

응용 포인트

오메가-3는 콜레스테롤을 낮춰줌과 동시에 혈액순환을 활발하게 해준다. 리그난은 항암효과, 여성의 노화 방지 효과도 있다.

•고르는 법
  정제하지 않고 저온압착 방식으로 착유한 아마인유가 좋다.

•보관법
  뚜껑을 닫아 냉장보관하는 것이 좋다.

다이어트 효과에 주목

코코넛오일

중쇄지방산인 라우린산이 46%로 많이 포함되어 있다.
이 지방은 몸속에서 분해되어 뇌와 신체의 에너지원으로
활용된다.
다이어트나 알츠하이머 증상 개선에 도움이 된다고 알려
져 있다.

 약선 데이터

체질	음허
오성	미온	오미	신
귀경	폐, 비장

 응용 포인트

모노롤린 등 천연 항생제 성분을 함유하고 있
어 항알레르기, 항염, 항균작용 효능이 매우
뛰어나다.

・고르는 법
  비정제 타입이 천연의 향기와 풍미가 좋아, 음식
  에 활용하면 특유의 향을 많이 느낄 수 있다.

・보관법
  햇빛이 들지 않는 서늘한 곳에 보관한다.
  냉장보관도 가능하지만 냉장보관하면 고체상태
  로 변한다.

항산화 작용이 뛰어나다

쌀기름

쌀겨에서 추출한 기름은 오리자놀 등 다양한 항산화 물질
을 포함하고 있다.
또한, 비타민 E 중에서도 체내에서 효과적으로 작용하는
알파토코페롤이 풍부하다.
피부노화를 억제하는 산화를 막는 데 도움을 준다.

 약선 데이터

체질	음허
오성	평	오미	감
귀경	비장

응용 포인트

항산화 효능, 보습 효능 등을 통하여 안티에
이징 스킨케어, 보습 스킨케어 등에 널리 활
용한다.

・고르는 법
  제조일자가 최근의 것으로 산패되지 않은 것을
  고른다.

・보관법
  햇빛이 들지 않는 서늘한 곳에 보관한다.

한약식재료

허브향신료

양식류

채소류·버섯류

과실류

수산류

육류·유제품

조미료·음료

적포도주와 백포도의 약효가 다르다

포도주

포도를 원료로 한 양조주이다.
조리시 조미료로 소량 사용하면 요리의 풍미가 증가한다.
적포도주는 자색 계통의 포도껍질과 씨를 통째로 사용하여 만든 것으로, 항산화작용이 있는 폴리페놀이 풍부하다.
백포도주는 대장균, 이질균, 살모넬라균에 대해 적포도주보다 살균력이 높다.

 약선 데이터

체질	기허, 어혈

오성	온	오미	감

귀경	비장, 폐, 신장

 응용 포인트

혈액의 흐름을 개선하며, 동맥경화 예방이나 혈당치를 개선한다.
생활습관병의 예방 효과를 기대할 수 있다.

•고르는 법
요리의 단맛이 덜하게 느껴지거나 떫은 맛을 줄 수 있는 것을 고른다.
적포도주는 고기 소스만을 위한 것은 아니다.

•보관법
개봉 후에는 공기가 들어가지 않게 작은 밀폐 유리병 등에 담아 보관한다.

혈액 순환을 촉진시킨다

소주

증류주이기 때문에 영양 성분은 포함되어 있지 않지만, 혈액을 맑게 하는 효능이 다른 주류보다 높다고 알려져 있다.
약선에서는 과일이나 약초로 담금주를 담을 때도 많이 사용한다.
알코올에 의해 약효 성분이 쉽게 흡수된다.

 약선 데이터

체질	기허, 양허, 어혈

오성	대열	오미	감, 신

귀경	간, 심장

 응용 포인트

고기요리 할 때 소주를 약간 넣으면 특유의 누린내를 잡아줄 수 있다.
아주 적은 양만 사용한다.

•고르는 법
요리술은 소주, 맛술, 와인, 미림 등이 있으며, 요리의 용도에 따라 선택하여 사용한다.

•보관법
사용 후 남은 술은 밀봉하여 보관한다.

졸음을 날려 버리고, 활기를 얻는다

커피

심장의 기능을 도와준다.
의욕이 저하되었을 때, 졸음이 몰려올 때 또는 정신적으로
지친 상태에서 마시면 활기를 얻을 수 있다.
정신을 맑게 하는 작용, 이뇨작용, 소화작용이 강하다.
쓴맛은 변비나 숙취에 효과적이다.

 약선 데이터

체질	기체, 수독		
오성	평	오미	미고, 삽
귀경	신장, 위		

 응용 포인트

각성 작용, 이뇨 작용, 소화기능 촉진작용이
있다. 정신 권태 개선, 식욕부진 개선에 도움
을 준다.

• **고르는 법**
산지, 로스팅 방법 등 자신의 취향에 맞는 커피
를 고른다.

• **보관법**
커피 원두는 밀폐용기에 넣어 햇빛이 안드는 서
늘한 곳에 실온 보관한다.

심장 건강에 도움이 된다

코코아

코코아는 카카오 열매의 씨앗인 카카오콩을 말려서 빻은
가루로 만든 것이다.
기운을 보충하며, 심장 두근거림, 피로, 졸음을 해소한다.
동맥경화 예방과 장의 기능을 조절하는 효과도 있다.
코코아에 포함된 폴리페놀은 강력한 항산화작용이 있어,
항암효과도 기대된다.

 약선 데이터

체질	기체, 기허, 어혈		
오성	평	오미	고, 감
귀경	비장, 위, 심장		

 응용 포인트

소화기능 촉진작용, 기력 회복작용, 혈행 개선
작용이 있다. 소화불량, 식욕부진, 피로감 해
소, 혈액 순환장애 개선에 도움이 된다.

• **고르는 법**
상품으로 출시된 티백 형태의 제품을 구입해서
사용하는 것도 좋다.

• **보관법**
냉장보관하며, 유통기한 내에 사용한다.

한방식재료

향신·향신료

육식류

채소류·버섯류

과실류

수산류

곡류·유제품

조미료·음료

몸속에 쌓인 열을 내린다

녹차

몸속에 쌓인 열을 식혀주고, 머리를 맑게 한다.
시력개선, 신경안정, 혈압안정, 가래 억제 효과도 기대할
수 있다.
위의 열로 인한 구취 해소에도 효과가 좋다.
소화를 촉진하기 위해서는 식사 후에 마시는 것이 좋다.

약선 데이터

체질	양열
오성	량	오미	고 감
귀경	비장, 위, 신장

응용 포인트

염증 억제 효과가 있으며, 심혈관질환, 대사질환, 신경변성 질환, 암 등을 포함한 많은 노화 관련 질환 예방에 도움이 된다.

• 고르는 법
  제철 : 6~7
  녹색이고 크기가 균일하며 잡티가 섞이지 않는 것을 고른다.

• 보관법
  밀봉한 뒤 냉장고의 냉동실이나 냉장실에 넣어 보관한다.

몸을 따뜻하게 해준다

홍차

차나무의 잎을 발효시켜 만든다.
몸을 따뜻하게 하고 냉증을 해소하는 효과가 있으며, 정신을 안정시킨다.
혈전을 예방하는 효과도 주목받고 있다.

약선 데이터

체질	기허, 어혈, 기체
오성	온	오미	고, 감
귀경	비, 위, 폐, 대장

응용 포인트

소화기능 촉진작용, 식욕 촉진작용, 이뇨작용, 심장기능 강화 작용이 있다. 소화불량, 식욕부진 개선, 부종 개선 등에 도움이 된다.

• 고르는 법
  차액의 색, 향기, 신선도, 성숙도 등을 고려하여 고른다.

• 보관법
  남은 홍차는 밀봉한 뒤 냉장고의 냉동실이나 냉장실에 보관한다.

과식했을 때, 마시면 좋다

우롱차

중국의 전통차로 녹차와 마찬가지로 차나무의 잎을 발효 시켜 만든다.
소화를 촉진하며, 섭취한 음식의 지방을 분해하여 식체를 완화한다. 콜레스테롤 억제로 인한 팽만감을 완화한다.
수분대사를 향상시켜 부종 개선효과도 기대된다.

 약선 데이터

체질	기체, 수독, 어혈		
오성	평	오미	고, 감
귀경	비장, 위		

 응용 포인트

다이어트 효과, 심혈관 건강에 도움을 주며, 콜레스테롤 수치 감소 등의 효과를 기대할 수 있다.

• 고르는 법
  찻잎이 부스러기 없고 보존상태가 좋은 것을 고른다.

• 보관법
  냉장보관하며, 유통기한 내에 사용한다.

더위먹음을 예방한다

보리차

몸속에 쌓인 열을 제거하고 소화를 돕기 때문에, 더운 여름철에 마시면 더위먹음을 예방할 수 있다.
카페인을 포함하지 않아 어린이, 임산부, 고령자 등 누구나 안심하고 마실 수 있는 음료이다.

 약선 데이터

체질	양열, 기허, 수독		
오성	량	오미	감
귀경	비장, 위		

 응용 포인트

소화기능 촉진작용, 장운동 촉진작용이 있다.
소화불량, 열감복통 개선에 도움이 된다.

• 고르는 법
  상품으로 출시된 티백 형태의 제품을 구입해서 사용하는 것도 좋다.

• 보관법
  냉장보관하며, 유통기한 내에 사용한다.

앤땅식재료

웬드향신료

얀식류

채소류·버섯류

보실류

수산류

육류·우제류

조기료·음료

생활습관병 개선에 좋다

결명자차

열을 낮추는 효과가 있어 고혈압, 지질이상증, 두통이나 어지럼증과 같은 증상의 치료에 사용된다.
변비, 비만, 눈 충혈, 통증 등을 개선하는 효과를 기대할 수 있다.
찬 성질이기 때문에 과량 사용은 금한다.

약선 데이터

체질	기체, 양열		
오성	미한	오미	감, 고, 함
귀경	간, 담, 대장		

응용 포인트

해열 작용, 눈을 맑게 하는 작용, 배변 촉진작용이 있다. 야맹증, 안구건조증, 건조성 변비, 고혈압 개선에 도움이 된다.

- 고르는 법
  상품으로 출시된 티백 형태의 제품을 구입해서 사용하는 것도 좋다.

- 보관법
  냉장보관하며, 유통기한 내에 사용한다.

비만 예방에

메밀차

기를 순환시키는 작용이 있으며, 고혈압과 동맥경화 예방에 도움이 된다.
소화 기능을 향상시키므로, 설사가 있을 때 사용해도 좋다.
또한, 지질대사를 촉진하여, 비만 예방 및 개선에도 효과적이다.

약선 데이터

체질	기체		
오성	한	오미	감
귀경	비장, 위		

응용 포인트

소화기능 촉진작용, 장운동 개선작용이 있다. 소화불량, 설사, 헛땀, 화상 치료에 도움이 된다.

- 고르는 법
  상품으로 출시된 티백 형태의 제품을 구입해서 사용하는 것도 좋다.

- 보관법
  냉장보관하며, 유통기한 내에 사용한다.

기분을 안정시킨다

자스민차

독특한 향기가 순환장애를 개선하여, 우울감과 짜증감을 해소한다.

식욕부진이나 속이 더부룩한 위의 불쾌감에도 효과적이다. 눈과 두뇌의 기능을 돕고, 집중력을 향상시킨다.

약선 데이터

체질	양열, 수독		
오성	량	오미	감, 신
귀경	폐, 위		

응용 포인트

해열작용, 발한작용, 습기 제거작용이 있다.
감기 발열, 복통 설사에 도움이 된다.
하루 복용량은 6g 정도가 적당하다.

• 고르는 법
  상품으로 출시된 티백 형태의 제품을 구입해서 사용하는 것도 좋다.

• 보관법
  냉장보관하며, 유통기한 내에 사용한다.

발열과 염증을 완화시킨다

뽕잎차

뽕잎은 몸속의 열을 낮추는 효능이 우수하다.
감기로 인한 열이나 기침 등에 박하를, 눈 충혈에는 국화를 첨가하여 마시면 더 효과적이다.
또한 탄수화물 흡수 억제작용이 있어, 당뇨병 예방 및 개선에도 도움이 된다.

약선 데이터

체질	음허, 양열		
오성	한	오미	감, 고
귀경	폐, 간		

응용 포인트

해열 작용, 눈을 맑게 하는 작용이 있다.
열성 감기, 발열두통, 마른 기침, 눈충혈 등의 다양한 증상 개선에 도움이 된다.

• 고르는 법
  찻잎이 부스러기 없이 보존상태가 좋은 것을 고른다.

• 보관법
  남은 뽕잎차는 밀봉한 뒤 냉장고의 냉동실이나 냉장실에 보관한다.

한방식재료

허브 향신료

약식무

채소류·버섯류

과일류

수산류

육류·유제품

조다류·음료

지방을 분해하는 효능이 우수하다

보이차

동물성지방을 분해하는 작용이 있다고 알려져, 다이어트 차로 유명하다.
위의 기능을 도와 소화를 촉진하여, 복부 팽창감을 해소하는 데 도움이 된다.
목의 갈증과 가래도 개선된다.

 약선 데이터

체질	생차 : 기체, 양열, 음허 숙차 : 양허
오성	생차:한 숙차:온 오미 고, 감
귀경	간, 위

 응용 포인트

콜레스테롤 수치를 감소시키고, 혈압강하, 정신 각성, 스트레스 완화, 체중 감소, 소화 등에 도움을 준다.

• 고르는 법
　강제 발효시킨 숙차보다는 상온에서 온도와 습도를 조절해주며 천천히 발효시킨 생차를 고른다.

• 보관법
　통풍이 잘 되고 직사광선과 냄새를 피할 수 있는 상온에서 보관한다.

여름더위를 개선한다

연잎차

연잎을 건조시켜 차로 만든 것이다.
여름더위로 인한 건강 상태의 부조화를 완화시킨다.
맑고 향기로운 향이 있어 기분을 상쾌하게 해준다.
부종 해소에도 도움이 된다.

 약선 데이터

체질	양열, 어혈
오성	평 오미 고
귀경	심장, 간, 비장, 담, 폐

 응용 포인트

해열 작용, 어혈 제거작용이 있다.
열름철 갈증 개선, 산후 어혈 복통 개선에 도움이 된다.

• 고르는 법
　찻잎이 부스러기 없이 보존상태가 좋은 것을 고른다. 티백 형태의 제품도 좋다.

• 보관법
　냉장보관하며, 유통기한 내에 사용한다.

색인

약선·식재료